今天，在家做法餐

极简料理书

〔法〕埃莉斯·德尔普拉－阿尔瓦雷斯◎著

李心悦　臧书蕾◎译

北京科学技术出版社

前　言

　　每当到了该准备三餐的时候，就会出现这样的情况：不知道该做什么菜，不知道该准备什么原料，更不知道厨房为什么总是被弄得像战场一样"惨不忍睹"。有时候，我们没时间、没欲望，也没动力去做饭，原因有很多，比如工作日太忙、周末事情很多、做菜的配方写得又很烦琐，等等。

　　然而，生活不应该只是应付与凑合，把忙碌的生活过得精致又有品位，才是最佳的生活态度。做饭，其实可以既简单又讲究，既方便又精致。正如"西餐"不见得总是复杂、费时的代名词，它也可以是简单、便捷的代名词，成为最适合家庭日常烹饪的配方。抱着这样的信念，我们撰写了这本书，希望它可以适应现代人快节奏的生活方式并满足他们对高品质生活的追求。

　　我们对传统西餐配方进行了反复研究和改良，为大家收录了192道极其简单的西餐配方。每个配方都经过验证，百分之百能成功！根据这些配方，你可以用很少的原料和很短的时间，为家人、朋友或恋人做出营养均衡的美味大餐。

　　从开胃菜到头盘，到主菜，再到甜点，我们提供了一系列独具创意、色彩丰富、营养均衡的西餐。带着我们的配方，享受做饭的美妙时刻吧！

目 录

 代表准备时间

 代表最主要的烹饪工具以及
15分钟 用此工具烹饪的精确时间

 代表烤箱或微波炉

 代表炒锅、珐琅锅、汤锅、炖
锅或高压锅等

 代表平底锅或平底不粘锅

1咖啡匙=5 ml
1汤匙=15 ml

开胃菜

头盘

主菜

主菜

甜点

金枪鱼酱

200 g
原味金枪鱼罐头

3 杯
小瑞士奶酪

5分钟　　无须烹饪

6人份　　成本低

低 卡路里

1咖啡匙
芥末酱

1咖啡匙
柠檬汁

1 将金枪鱼、奶酪、芥末酱和柠檬汁放入料理机，搅打成泥。

2 将泥状混合物倒入碗中，加盐和胡椒粉调味，撒上香葱末，抹在烤好的法棍切片上即可食用。

可以用150g白奶酪代替小瑞士奶酪。

以及
少许盐和胡椒粉

2咖啡匙
香葱末

金枪鱼甜菜根酱

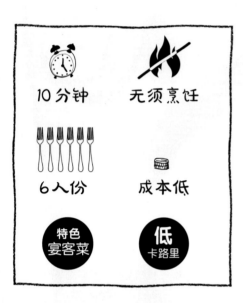

10分钟　无须烹饪

6人份　成本低

特色宴客菜　**低**卡路里

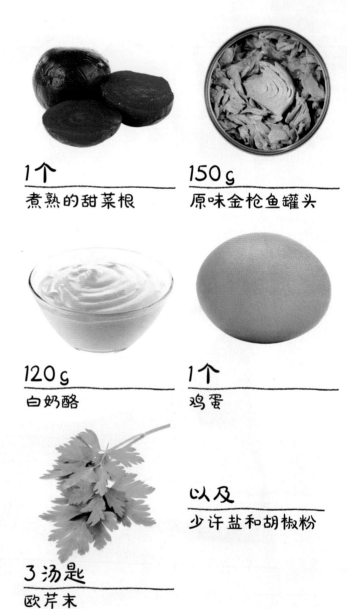

1个
煮熟的甜菜根

150 g
原味金枪鱼罐头

120 g
白奶酪

1个
鸡蛋

以及
少许盐和胡椒粉

3汤匙
欧芹末

1 将切成块的甜菜根、金枪鱼和白奶酪放入料理机，搅打成浓稠的甜菜根酱。

2 将鸡蛋放入沸水中煮熟，捞出去壳，然后用叉子压碎。

3 将甜菜根酱倒入小罐中，加入盐和胡椒粉调味，再撒上压碎的鸡蛋和欧芹末。

葡萄奶酪球

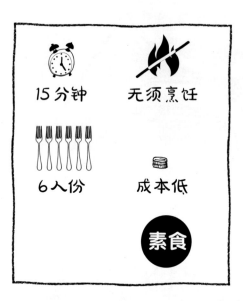

15分钟 | 无须烹饪

6人份 | 成本低

素食

24颗
黑葡萄

200 g
鲜山羊奶酪

2汤匙
罂粟籽

1 用双手将山羊奶酪整成圆饼，然后在每个圆饼上放1颗葡萄，再把圆饼团成球。

2 将奶酪球放到罂粟籽①里滚一圈，然后放到冰箱中冷藏。食用前在奶酪球上插牙签即可。

💡 也可以用芝麻或亚麻籽代替罂粟籽。

---

① 欧美常见调味品。我国对其种植、销售和流通有严格限制。具体请参见相关法律。

——编者注

生火腿李子干糖果卷

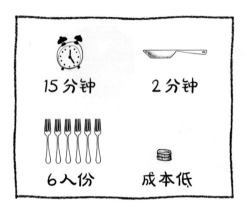

15分钟　　2分钟

6人份　　成本低

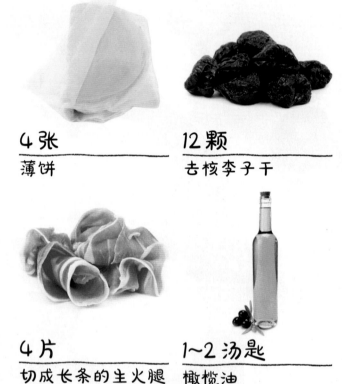

4张
薄饼

12颗
去核李子干

4片
切成长条的生火腿

1~2汤匙
橄榄油

1 把每张饼切成6个长方形。先将李子干裹入生火腿中，然后将生火腿裹入薄饼中，做成糖果卷的样子。

2 用细绳把糖果卷的两端系好。

3 平底锅中倒入橄榄油，油热后，将糖果卷放入锅中煎2分钟，直至表面呈金黄色，其间要不断翻面。盛出糖果卷，放在吸油纸上，解下细绳即可食用。

普罗旺斯香草猪里脊

10分钟

无须烹饪

冷藏

6人份

4天

成本适中

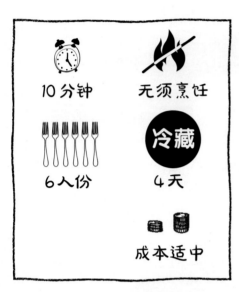

450 g
猪里脊

130 g
粗盐

2 小撮
胡椒粉

2 汤匙
普罗旺斯香草

1根
迷迭香

1 将大部分粗盐、胡椒粉和普罗旺斯香草放在一块布上混合均匀。将猪里脊①放在混合物上面，将混合物均匀地抹在肉上。

2 加入迷迭香，然后用布把肉和混合物包紧。

3 把包好的猪里脊放到冰箱保鲜层，冷藏4天。4天之后，打开布，把剩余的粗盐撒在肉上，然后切片食用。

💡 可以用鸭胸肉代替猪里脊。

---

① 不宜选择普通市售的猪肉，一定要选择高品质的、可生吃的猪肉。

——编者注

火腿奶酪薄饼卷

10分钟	25秒
6人份	成本低

1 将薄饼放入盘中，再将盘子放入微波炉中加热25秒。

2 将白奶酪和香葱末混合在一起，加入盐和胡椒粉，拌匀，然后将混合物均匀地抹在薄饼上，再将火腿和生菜铺在薄饼上。

3 将薄饼卷好并裹上保鲜膜，然后放入冰箱冷藏。食用时将薄饼卷取出、切成小段即可。

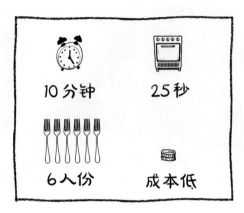

4 张
墨西哥薄饼

4 汤匙
白奶酪

1 汤匙
香葱末

4 片
火腿

8 片
生菜

以及

少许盐和胡椒粉

牛肉梨片塔帕斯

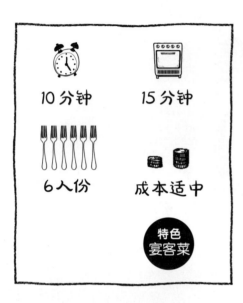

10分钟　　15分钟

6人份　　成本适中

**特色
宴客菜**

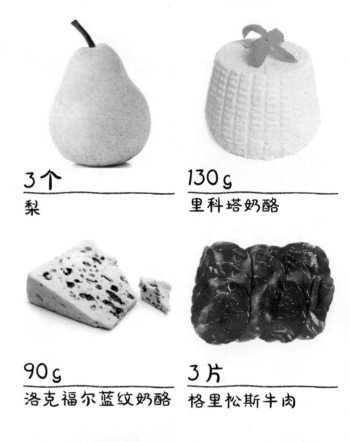

3个
梨

130 g
里科塔奶酪

90 g
洛克福尔蓝纹奶酪

3片
格里松斯牛肉

1咖啡匙
辣椒粉

1 将每个梨切出2片稍微厚一点儿的片，再把这6片梨片放在铺有烘焙纸的烤盘上。

2 将烤箱预热至210℃，把烤盘放入烤箱烤15分钟。烤好后拿出晾凉。

3 将两种奶酪放到大碗里混合均匀。在每片梨上放半片格里松斯牛肉，再在牛肉上均匀地放上混合好的奶酪。最后撒上辣椒粉。

麦芬比萨

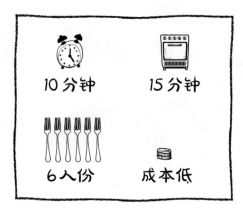

10 分钟　　15 分钟

6 人份　　成本低

1 将番茄沙司抹在比萨饼皮上，再将培根和格吕耶尔奶酪丝均匀地放在番茄沙司上，然后把比萨饼皮卷起来。

2 将比萨卷切成5cm长的段，分别放入麦芬模中。在上面撒牛至碎，放入预热至210℃的烤箱烤15分钟。

如果没有麦芬模，就做成蝴蝶比萨吧！先将原料按上述步骤依次放到饼皮上，再将饼皮分别从两端卷到中间，然后用保鲜膜把比萨卷包起来并放入冰箱冷藏20分钟。再将比萨卷切成2cm长的小段，放入预热至210℃的烤箱烤15分钟。

1 张
比萨饼皮

3 汤匙
番茄沙司

6 片
培根

4 小撮
格吕耶尔奶酪丝

2 小撮
牛至碎

山羊奶酪榛子曲奇

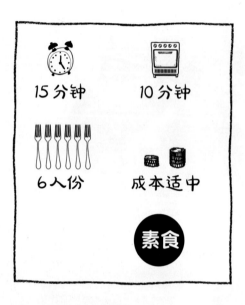

15分钟　10分钟

6人份　成本适中

素食

1 将山羊奶酪捣碎，与杏仁酱、鸡蛋、面粉和切碎的百里香混合均匀，再团成小球。如有必要，可以多加点儿面粉。

2 将小球放在铺有烘焙纸的烤盘上，用勺背压成圆饼。

3 在每个圆饼上按入几颗榛子，然后放入210℃的烤箱烤10分钟。

120 g
半干山羊奶酪

1把
榛子

50 g
杏仁酱

1个
鸡蛋

120 g
面粉

1根
百里香

熏三文鱼卷

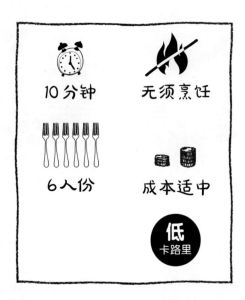

10分钟　无须烹饪

6人份　成本适中

低 卡路里

1 将鲜奶油、捣碎的玫瑰果和柠檬汁混合均匀。加盐和胡椒粉调味。

2 将荞麦饼的圆边切掉，切成正方形。将鲜奶油混合物抹到饼上，再在上面铺三文鱼片。将饼卷起来，切成段即可食用。

4 张
荞麦饼

4 片
熏三文鱼

150 g
鲜奶油

2 咖啡匙
玫瑰果

以及
少许盐和胡椒粉

2 咖啡匙
柠檬汁

番茄蝴蝶酥

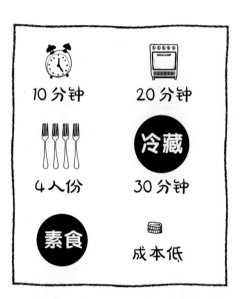

10分钟　　20分钟

4人份　　冷藏 30分钟

素食　　成本低

1张
千层酥皮

3汤匙
番茄膏

3小撮
格吕耶尔奶酪丝

1 将番茄膏均匀地抹在酥皮上，再撒上格吕耶尔奶酪丝。将酥皮从两端向中间卷起来。裹上保鲜膜，放入冰箱冷藏30分钟。

2 将酥皮卷从冰箱中拿出来，切成2cm长的小段，再放入预热至200℃的烤箱烤20分钟。

可以用意大利松子青酱代替番茄膏。

山羊奶酪口蘑盏

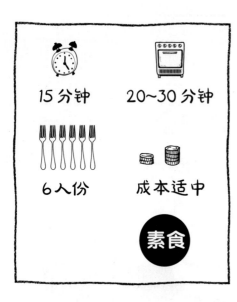

15分钟　　20~30分钟

6人份　　成本适中

素食

12颗
口蘑

100 g
鲜山羊奶酪

1汤匙
鲜奶油

1咖啡匙
蜂蜜

2根
香葱

以及
少许盐和胡椒粉

1 口蘑去蒂并把蒂切碎，香葱切碎。将鲜山羊奶酪、鲜奶油和蜂蜜混合均匀。加入盐和胡椒粉调味，再加入切碎的口蘑蒂和香葱，混合均匀。

2 将混合物抹在去了蒂的口蘑上，再将口蘑放入预热至150℃的烤箱烤20~30分钟。

普罗旺斯橄榄酱小卷

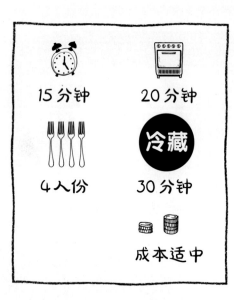

15分钟　　20分钟

冷藏

4人份　　30分钟

成本适中

1张
千层酥皮

100g
黑橄榄

3汤匙
刺山柑花蕾

25g
鳀鱼鱼柳

4汤匙
橄榄油

1 制作普罗旺斯橄榄酱：将黑橄榄、刺山柑花蕾、鳀鱼鱼柳和橄榄油放入料理机打成酱。

2 将做好的酱均匀地抹在酥皮上，再将酥皮卷起来，裹上保鲜膜，放入冰箱冷藏30分钟。

3 将酥皮卷从冰箱里拿出来，切成1cm宽的小段。将小卷放在铺有烘焙纸的烤盘中，然后放入预热至180℃的烤箱烤20分钟。

💡 可以用比萨饼皮代替千层酥皮，用橄榄罐头代替黑橄榄。

油炸鳕鱼丸

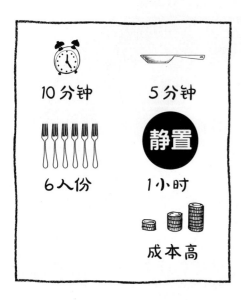

10分钟

5分钟

6人份

静置

1小时

成本高

200 g
腌鳕鱼

2个
鸡蛋

100 ml
牛奶

1/2个
洋葱

2瓣
蒜

以及
少许辣椒粉
1汤匙欧芹末
适量油

1 提前用水泡一泡腌鳕鱼，去除一部分盐分。将打好的蛋液、牛奶、切成丝的洋葱、压碎的蒜、辣椒粉和欧芹末放在沙拉盆中，搅拌均匀。加入捣碎的鳕鱼，混合均匀。静置至少1小时。

2 将混合物做成丸子，放到热油中，炸至呈金黄色，用时约5分钟。

3 将丸子放在吸油纸上吸一吸油，趁热食用。

💡 可以用新鲜鳕鱼代替腌鳕鱼。

鸡蛋五花肉麦芬

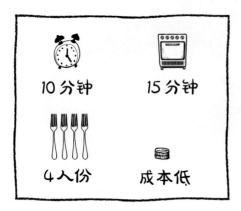

10 分钟   15 分钟

4 人份   成本低

1 用圆形饼干切模将面包片切成和麦芬模底部一样大的圆形，共切出 4 片，再将面包片分别放在 4 个麦芬模中。

2 把五花肉片放在不粘锅中煎熟后盛出，然后将五花肉片环绕着贴在麦芬模内。

3 将鸡蛋分别打入 4 个模具中，然后在每个模具中加入 1 咖啡匙稀奶油，再加入盐和胡椒粉调味。最后，将模具放入预热至 180℃ 的烤箱烤 15 分钟。

💡 鸡蛋五花肉麦芬配上核桃沙拉，即便是对于时间紧张的人而言，也是营养均衡的一餐！

4 个
鸡蛋

4 片
五花肉

4 片
蜂蜜面包

4 咖啡匙
稀奶油

以及
少许盐和胡椒粉

火腿奶酪三明治

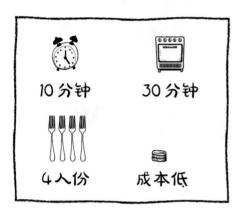

10分钟　　30分钟

4人份　　成本低

1 将切成小块的山羊奶酪和稀奶油倒入平底锅中加热至熔化，晾凉后加入鸡蛋并搅拌均匀，再加盐和胡椒粉调味。切掉面包片的边。

2 在蛋糕模中先放入1片面包，然后抹一层奶酪混合物，再放1片火鸡火腿。继续按这个顺序放原料，最后放1片面包。

3 抹上剩余的奶酪混合物，撒上帕尔玛干酪丝，再将蛋糕模放入预热至210℃的烤箱烤30分钟。

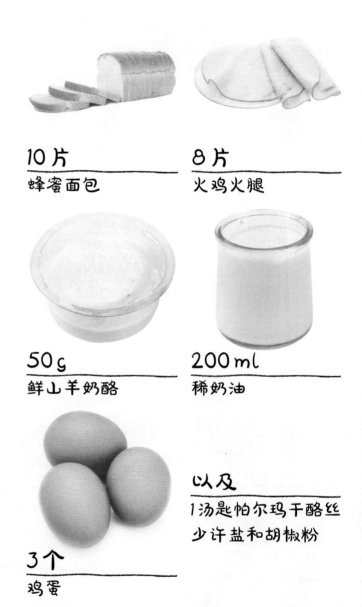

10片
蜂蜜面包

8片
火鸡火腿

50g
鲜山羊奶酪

200ml
稀奶油

以及
1汤匙帕尔玛干酪丝
少许盐和胡椒粉

3个
鸡蛋

鸡蛋薄饼

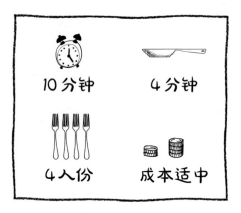

10 分钟   4 分钟

4 人份   成本适中

1 将薄饼铺平，在每张薄饼上打 1 个鸡蛋，撒上切碎的金枪鱼，再撒上欧芹末，加盐和胡椒粉调味，然后将薄饼的边缘向中间折叠。

2 锅中倒入橄榄油，将折好的鸡蛋薄饼放入锅中，每面煎 2 分钟。

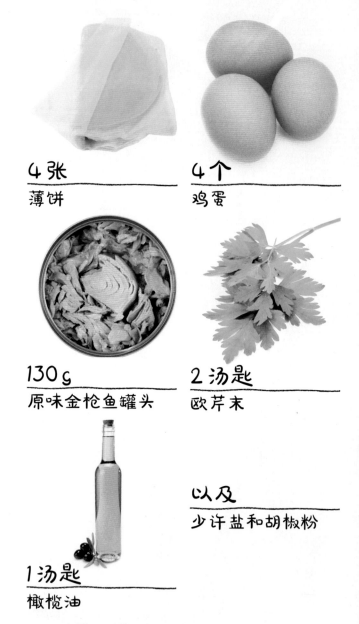

4 张
薄饼

4 个
鸡蛋

130 g
原味金枪鱼罐头

2 汤匙
欧芹末

以及
少许盐和胡椒粉

1 汤匙
橄榄油

夏日蛋糕

10 分钟   25 分钟

4 人份   成本低

素食

1 将面粉、酵母粉、鸡蛋和牛奶混合均匀。加入番茄干、用叉子压碎的费塔奶酪和罗勒叶末，搅拌均匀。

2 加盐和胡椒粉调味，然后将搅拌好的面粉混合物放入铺有烘焙纸的蛋糕模中。将蛋糕模放入预热至180℃的烤箱烤25分钟。

可以准备双份原料，做2个蛋糕。一个蛋糕烤好即吃，另一个冷藏起来以便下次食用。

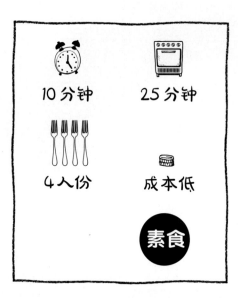

100 g
费塔奶酪

100 g
番茄干

180 g
面粉

1 袋
酵母粉

2 个
鸡蛋

以及

100 ml 脱脂牛奶
2 汤匙罗勒叶末
少许盐和胡椒粉

鳄梨烤蛋

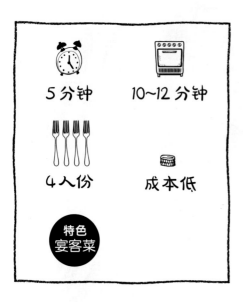

5 分钟

10~12 分钟

4 人份

成本低

特色
宴客菜

2 个
鳄梨

4 个
鸡蛋

2 汤匙
帕尔玛干酪丝

1 咖啡匙
香葱末

1 将鳄梨切成两半并去核，然后放入烤盘中。

2 在每块鳄梨中打入 1 个鸡蛋，再撒上帕尔玛干酪丝和香葱末。将烤盘放入预热至 180℃ 的烤箱烤 10~12 分钟。

3 烤好后，在鳄梨上淋稀奶油，搭配烤好的乡村面包片食用。

2 汤匙
稀奶油

鸡蛋布里欧修

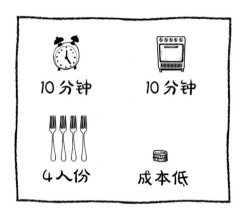

10分钟　　10分钟

4人份　　成本低

1 将布里欧修顶部的"盖子"切下来，再用勺子将中间挖空。在每个布里欧修中放入几粒五花肉丁，再打入1个鸡蛋。

2 加入盐和胡椒粉调味，再倒入稀奶油。盖上"盖子"。将布里欧修放入预热至180℃的烤箱烤10分钟。

☀ 在面包房就可以买到布里欧修。

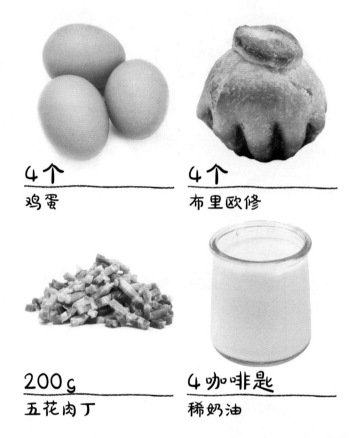

4个
鸡蛋

4个
布里欧修

200 g
五花肉丁

4 咖啡匙
稀奶油

以及
少许盐和胡椒粉

胡萝卜泥糕

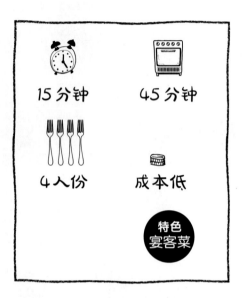

15分钟　　45分钟

4人份　　成本低

特色
宴客菜

1 将切成块的胡萝卜放入锅中煮15分钟，捞出打成泥。将里科塔奶酪、鸡蛋和胡萝卜泥混合均匀，加入盐和胡椒粉调味。将培根放入煎锅中煎熟。

2 在蛋糕模中铺上烘焙纸，然后分层放入胡萝卜混合物和培根。将蛋糕模放入预热至210℃的烤箱隔水烤45分钟。

将胡萝卜泥糕切成片，搭配加了孜然的奶油酱食用。

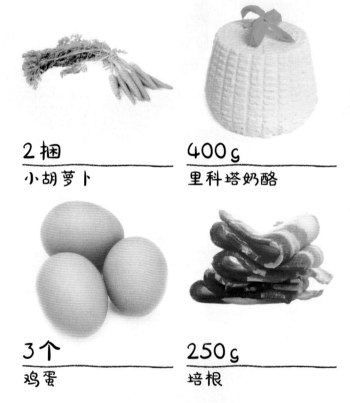

2捆
小胡萝卜

400 g
里科塔奶酪

3个
鸡蛋

250 g
培根

以及
少许盐和胡椒粉

鹅肝酱

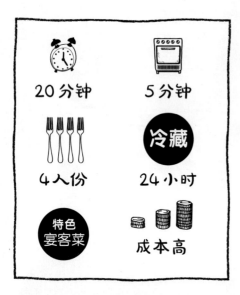

20分钟　　5分钟

4人份　　**冷藏** 24小时

特色宴客菜　成本高

1 苹果削皮切片。锅里加黄油，放入苹果片煎10分钟。快煎好时，加入苹果白兰地。

2 鹅肝横向切成3片，撒上盐和胡椒粉调味。将鹅肝和苹果片分层放入砂锅中，盖上烘焙纸，再放上重物，然后将砂锅放入冰箱冷藏12小时。

3 在微波炉里放1杯水，用保鲜膜把砂锅包起来，然后将砂锅放入微波炉中加热5分钟。取出晾凉后放入冰箱冷藏12小时。

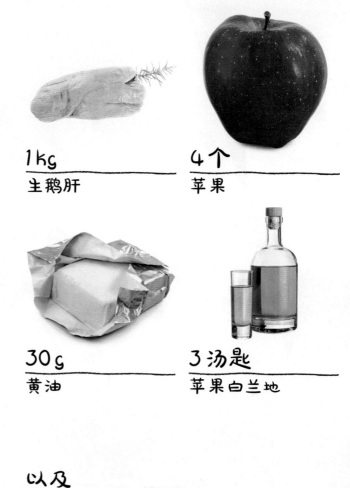

1kg
生鹅肝

4个
苹果

30g
黄油

3汤匙
苹果白兰地

以及
少许盐和胡椒粉

三文鱼糕

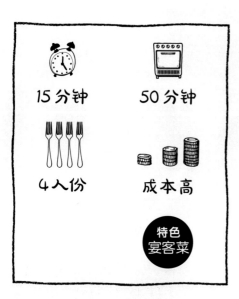

15分钟　　50分钟

4人份　　成本高

特色
宴客菜

1 在长形模具内铺上烘焙纸，并放入2片熏三文鱼。

2 将新鲜三文鱼切成小块，与鸡蛋、稀奶油和茴香混合并搅拌均匀，然后加盐和胡椒粉调味。将一半混合物倒入模具中，在混合物上铺上剩下的熏三文鱼片，再倒入剩下的混合物。

3 将模具放入预热至180℃的烤箱隔水烤50分钟。

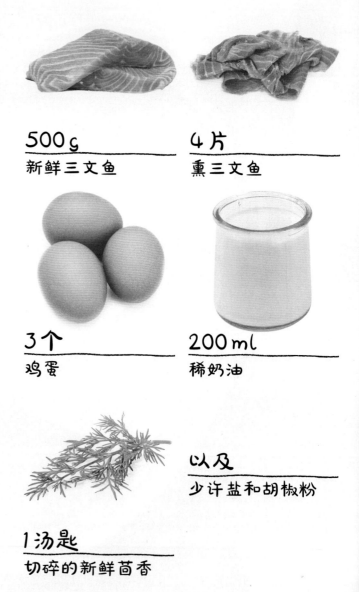

500g
新鲜三文鱼

4片
熏三文鱼

3个
鸡蛋

200ml
稀奶油

1汤匙
切碎的新鲜茴香

以及
少许盐和胡椒粉

番茄奶酪冻

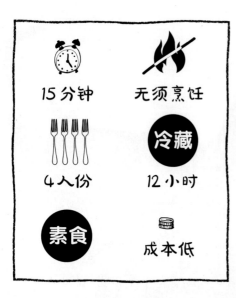

15 分钟

无须烹饪

4 人份

冷藏 12 小时

素食

成本低

1kg
番茄

1根
山羊奶酪

以及
少许盐和胡椒粉

适量
罗勒叶

1 将番茄放入沸水中焯几秒后过凉，番茄去皮，切成圆片，然后去籽。将山羊奶酪也切成圆片。

2 在陶瓷模具底部铺上保鲜膜，分层放入番茄片和山羊奶酪片，最后撒上罗勒叶，加盐和胡椒粉调味。

3 给模具裹上保鲜膜，并在表面放上重物，将模具放入冰箱冷藏12小时。脱模前，倒掉模具中的水。搭配油醋汁食用。

三文鱼吐司面包

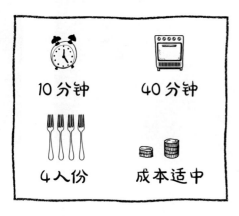

10分钟   40分钟

4人份   成本适中

1 将面包片泡在牛奶里。往牛奶中加入三文鱼和打好的蛋液，然后加盐和胡椒粉调味。

2 在吐司模内抹一些黄油，把做好的混合物倒入吐司模中，再将吐司模放入预热至150℃的烤箱烤40分钟。

💡 食用前切片并撒上香葱末和玫瑰果干，搭配番茄奶油浓汤食用。

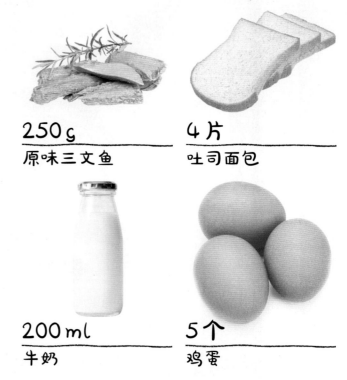

250 g
原味三文鱼

4 片
吐司面包

200 ml
牛奶

5 个
鸡蛋

以及
少许盐和胡椒粉
少许黄油

橙味胡萝卜浓汤

⏰ 10分钟　　🍲 40分钟

🍴🍴🍴🍴 4人份　　成本低

低 卡路里

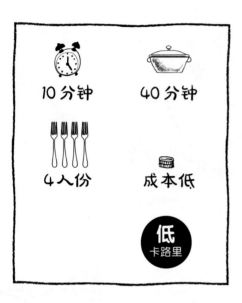

1kg
胡萝卜

1个
橙子

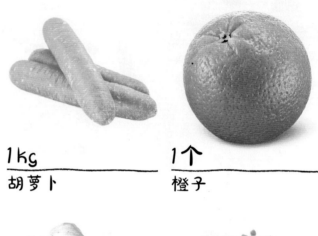

1咖啡匙
姜末

1/2咖啡匙
孜然粉

1 将胡萝卜切成圆片，放入鸡肉浓汤中煮30分钟。

2 汤里加入橙汁、橙皮丝、姜末和孜然粉，再加入盐和胡椒粉调味并搅拌均匀。继续煮10分钟。

3 倒入稀奶油，搅拌均匀。

💡 食用时可撒少许香菜末。

以及

1L 鸡肉浓汤（由鸡肉味汤块熬成）
少许盐和胡椒粉

100ml
稀奶油

番茄白豆浓汤

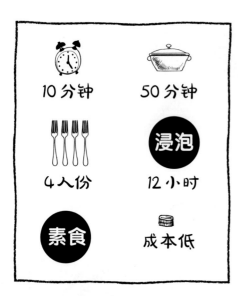

10分钟　　50分钟

4人份　　浸泡　12小时

素食　　成本低

1 将白豆放在水里浸泡一整晚。

2 将洋葱切成条，放入珐琅锅中煸出水分，再加入白豆。锅中加水直至没过洋葱和白豆。加盐调味，然后煮沸。

3 锅中加入鼠尾草叶，小火炖40分钟，然后加入番茄沙司，继续煮10分钟。

4 将浓汤倒入4个碗中，每碗加1咖啡匙罗勒酱。

150 g
白豆

500 ml
番茄沙司

1个
洋葱

2片
鼠尾草叶

4咖啡匙
罗勒酱

以及
少许盐

地中海浓汤

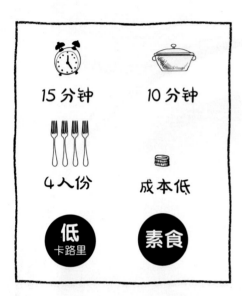

15分钟　　10分钟

4人份　　成本低

低 卡路里　　**素食**

1 把胡萝卜、番茄、茴香根和甜椒切成块，把洋葱切成丝，把大蒜压碎，将它们放入高压锅，加入1.5L水，然后加盐和胡椒粉调味，开火煮。当发出"嘶嘶"的排气声后，再煮10分钟。

2 锅中加入鲜奶油，搅拌均匀，再撒入切碎的罗勒叶。

如果用平底锅煮，需要煮约30分钟。

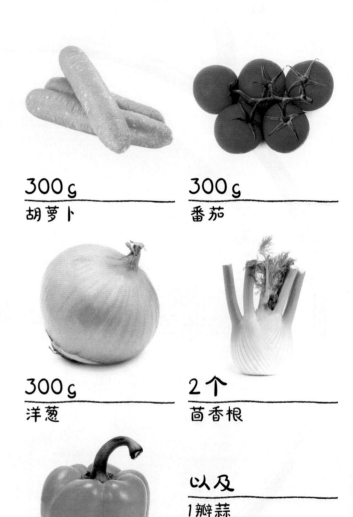

300 g
胡萝卜

300 g
番茄

300 g
洋葱

2个
茴香根

1个
橙色甜椒

以及

1瓣蒜

2汤匙鲜奶油

适量罗勒叶

少许盐和胡椒粉

意大利浓菜汤

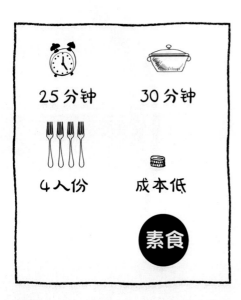

25分钟　　30分钟

4人份　　成本低

素食

1 将泡好的白豆放到蔬菜汤中，煮
20分钟。将大葱、芜菁和番茄切
成小块放入菜汤中，再将青豌豆和通
心粉放入菜汤中。

2 汤中加盐和胡椒粉调味，继续煮
10分钟。撒上切碎的罗勒叶即可
食用。

如果想节省时间，可以用制作
蔬菜浓汤的速冻蔬菜代替新鲜
蔬菜。

120g
白豆

2根
大葱

2个
芜菁

2个
番茄

200g
青豌豆

以及

1L 蔬菜汤
60g 通心粉
10片罗勒叶
少许盐和胡椒粉

菜花熏鳟鱼浓汤

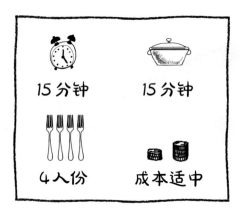

15分钟   15分钟

4人份   成本适中

1 珐琅锅里倒入橄榄油，然后倒入切成丝的洋葱和大葱，翻炒几下。加入掰成小块的菜花、牛奶和250ml水。

2 锅里加盐和胡椒粉调味，然后搅拌均匀，煮沸后转小火煮15分钟。

3 放入切成条的熏鳟鱼即可。

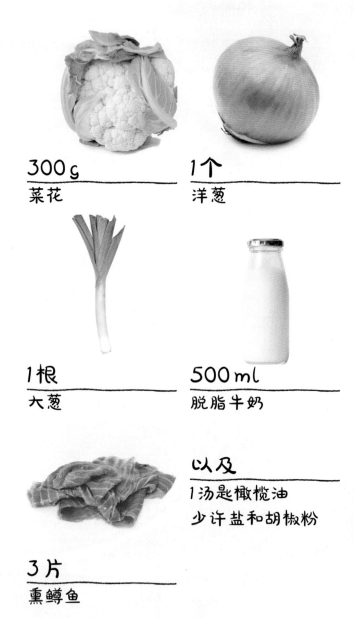

300g
菜花

1个
洋葱

1根
大葱

500ml
脱脂牛奶

以及
1汤匙橄榄油
少许盐和胡椒粉

3片
熏鳟鱼

伊朗浓汤

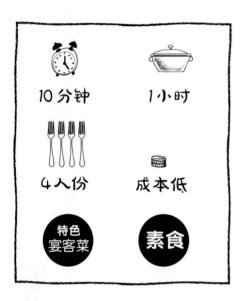

10分钟

1小时

4人份

成本低

特色
宴客菜

素食

1 在珐琅锅里倒入橄榄油，将切成丝的洋葱煎成金黄色。锅中加入脱皮大麦、柠檬汁和姜粉，搅拌均匀。

2 锅中倒入蔬菜汤和番茄膏，加盐和胡椒粉调味。小火炖1小时。

3 最后，汤中加入切成小块的胡萝卜和稀奶油，搅拌均匀。撒上香菜末即可食用。

💡 可以去大超市的有机食品区找脱皮大麦。

200g
脱皮大麦

1个
洋葱

1个
青柠檬

1咖啡匙
姜粉

以及

2汤匙橄榄油

1.5ℓ蔬菜汤

70g番茄膏

150ml稀奶油

1汤匙香菜末

少许盐和胡椒粉

2根
胡萝卜

西葫芦奶酪浓汤

⏰ 10 分钟	🍲 25 分钟
🍴 4 人份	成本低

4~5 根
西葫芦

1 块
鸡肉味汤块

1 将西葫芦切成圆片（无须去皮），放入平底锅中，然后加入水和鸡肉味汤块。

2 盖上锅盖，小火煮25分钟。加入奶酪，搅拌均匀。

💡 还可以加入切成丝的洋葱。

2 块
凯瑞奶酪

芒果虾仁沙拉

10分钟

无须烹饪

4人份

成本低

特色宴客菜

1. 将洗好并撕成小片的生菜放入沙拉盆中。加入切成小块的芒果和去掉虾线的虾仁。

2. 倒入海鲜酱油，撒上腰果和切碎的薄荷叶，加盐和胡椒粉调味。

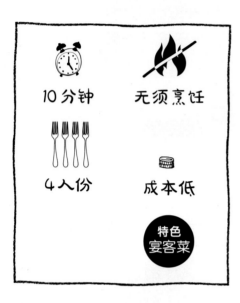

1棵
生菜

2个
芒果

400g
虾仁

10片
薄荷叶

30g
腰果

以及
3汤匙海鲜酱油
少许盐和胡椒粉

达芬奇沙拉

🕐 10分钟　　🍲 5分钟

🍴 4人份　　 成本低

素食

1 将蝴蝶面煮至有嚼劲，捞出晾凉，然后将它们倒入沙拉盆中。

2 将哈密瓜去皮切成小块，将黄瓜切成圆片，将马苏里拉奶酪球切成小块，都放入沙拉盆中，搅拌均匀。

3 加入柠檬醋、盐和胡椒粉调味，最后撒上切碎的罗勒叶。

💡 如果想让沙拉有更浓郁的意大利风味，可以加一些圣女果！

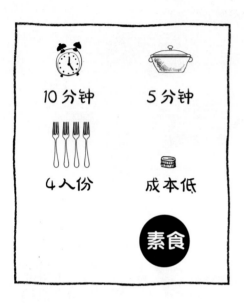

400 g
彩色蝴蝶面

1个
哈密瓜

1根
黄瓜

2个
马苏里拉奶酪球

适量
罗勒叶

以及
2~3 汤匙柠檬醋
少许盐和胡椒粉

夏日风味古斯米饭

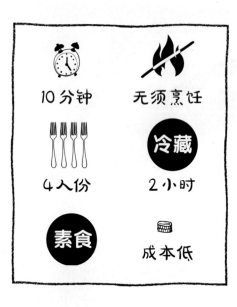

10分钟

无须烹饪

4人份

冷藏 2小时

素食

成本低

300 g
煮熟的古斯米

4个
番茄

1根
黄瓜

2个
柠檬

10颗
黑橄榄

以及
1汤匙薄荷叶末
少许盐和胡椒粉

1 将煮熟的古斯米、切成丁的番茄和切成丁的黄瓜放入沙拉盆，挤上柠檬汁。

2 黑橄榄去核并切成圆片，放入沙拉盆中。加盐和胡椒粉调味，加入薄荷叶末，混合均匀。放在冰箱里冷藏2小时即可。

若想让味道更清淡，可以用打碎的熟菜花代替煮熟的古斯米。

开放式三明治

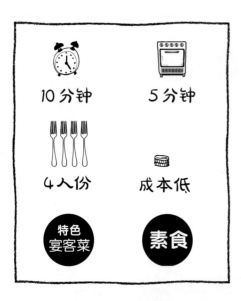

10分钟　　5分钟

4人份　　成本低

特色宴客菜　素食

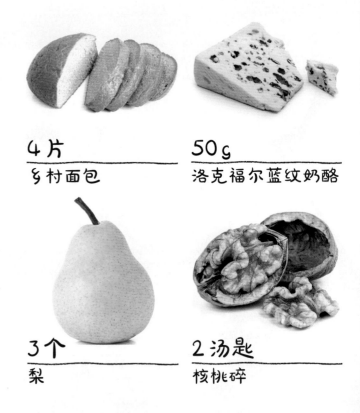

4片
乡村面包

50g
洛克福尔蓝纹奶酪

3个
梨

2汤匙
核桃碎

1 将面包片烤至自己喜欢的程度。将梨切成小片放在面包片上，再将它们放入烤箱烤3分钟。

2 用叉子将奶酪压碎，然后将奶酪碎撒在梨片上，再烤2分钟。最后撒上核桃碎。

可以搭配时蔬沙拉食用。

法式咸派

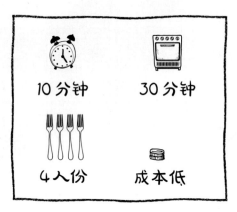

10分钟　　30分钟

4人份　　成本低

1 将奶酪、牛奶和鸡蛋放入料理机搅打至变顺滑。

2 将混合物倒入沙拉盆，边搅拌边加入面粉，再加入肉豆蔻粉，加盐和胡椒粉调味。

3 在派盘中铺上烘焙纸，撒上五花肉丁。将做好的混合物倒入模具中，放入预热至180℃的烤箱烤30分钟。

5块
乐芝牛奶酪

400ml
脱脂牛奶

4个
鸡蛋

80g
面粉

120g
五花肉丁

以及
1小撮肉豆蔻粉
少许盐和胡椒粉

孔泰奶酪挞

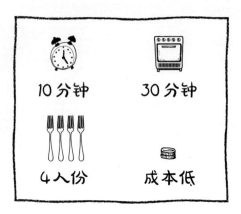

10分钟　30分钟

4人份　成本低

1 将蛋白和蛋黄分离，将蛋黄与稀奶油、牛奶和面粉混合，搅拌均匀，加入盐和胡椒粉调味。

2 将孔泰奶酪切成细条，加到做好的混合物中。再将蛋白打发至硬性发泡，与混合物混合均匀。

3 在挞盘中铺上烘焙纸，倒入混合物，将挞盘放入预热至180℃的烤箱烤30分钟。

🔅 可以用削皮刀将奶酪削成长条。

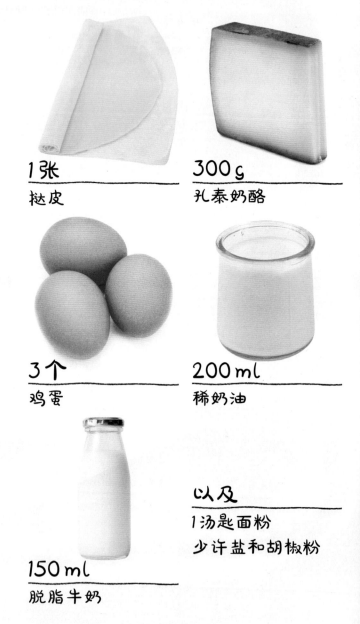

1张
挞皮

300 g
孔泰奶酪

3个
鸡蛋

200 ml
稀奶油

150 ml
脱脂牛奶

以及
1汤匙面粉
少许盐和胡椒粉

番茄挞

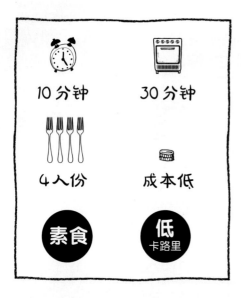

10分钟

30分钟

4人份

成本低

素食

低 卡路里

1张
千层酥皮

5个
番茄

2~3汤匙
芥末酱

1咖啡匙
普罗旺斯香草

1 将千层酥皮平铺在挞盘中，用叉子在饼皮上叉一些小孔。抹上芥末酱。

2 将番茄切成圆片，铺在千层酥皮上，再撒上普罗旺斯香草。将挞盘放入预热至200℃的烤箱烤30分钟。

最好选用熟透的番茄和法式芥末酱。

法式咸挞

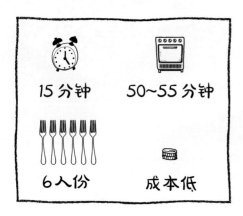

15 分钟　　50~55 分钟

6 人份　　成本低

1 将挞皮平铺在挞盘中，用叉子叉一些小孔。在挞皮表面放几颗干菜豆，再把挞盘放入预热至180℃的烤箱烤10分钟。从烤箱中拿出挞盘，并把菜豆扔掉。

2 在挞皮上撒上格吕耶尔奶酪丝和五花肉丁，再倒入低乳脂鲜奶油。倒入打散的蛋液，撒上切碎的百里香，再加入胡椒粉调味。将挞盘放入预热至180℃的烤箱烤40~45分钟。

1 张
挞皮

70 g
格吕耶尔奶酪丝

200 g
五花肉丁

250 ml
低乳脂鲜奶油

1 个
鸡蛋

以及

1 枝百里香
少许胡椒粉
少许干菜豆

主菜 86

鸭肉扁豆法式馅饼

25 分钟

25~30 分钟

6人份

成本高

特色宴客菜

1 锅中倒入橄榄油，将鸭腿放入锅中煎至鸭皮与鸭肉可以被分离，然后盛出，将鸭腿去皮后切成小块。

2 将1张千层酥皮平铺在挞盘中，放上鸭肉、煮熟的扁豆和胡椒粉，再把另1张千层酥皮盖在上面，并将两张饼皮的边缘向里卷。

3 将蛋黄打散，把蛋黄液刷在馅饼表面。将馅饼放入预热至200℃的烤箱烤25~30分钟。

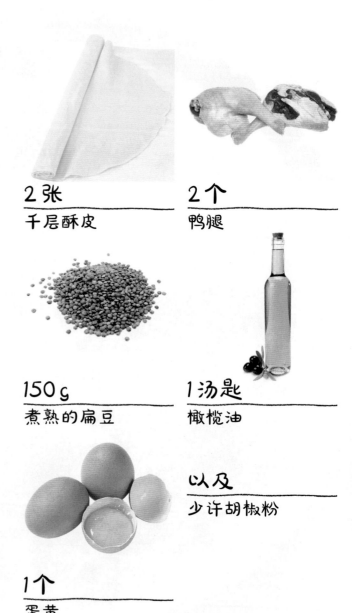

2 张
千层酥皮

2 个
鸭腿

150 g
煮熟的扁豆

1 汤匙
橄榄油

以及
少许胡椒粉

1 个
蛋黄

三文鱼挞

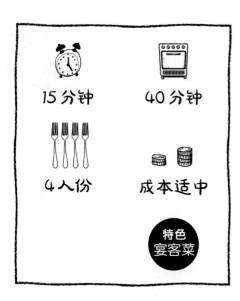

15分钟　　40分钟

4人份　　成本适中

特色宴客菜

1 在挞盘中铺上烘焙纸，将挞皮平铺在挞盘中。

2 在沙拉盆中将鸡蛋打散，然后加入奶油、切成小块的新鲜三文鱼、切成小条的熏三文鱼和切碎的香葱。

3 将做好的混合物倒入挞盘中，搅拌均匀。再将挞盘放入预热至200℃的烤箱烤40分钟。

1张
挞皮

200 g
新鲜三文鱼

200 g
熏三文鱼

4个
鸡蛋

以及
4根香葱

400 ml
稀奶油

法式三文鱼馅饼

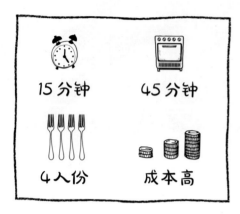

15分钟　　45分钟

4人份　　成本高

1 将1张千层酥皮平铺在挞盘中，将酥皮的边缘卷起，让其高于挞盘上沿。将三文鱼、3个全蛋和1个鸡蛋的蛋白（蛋黄用来抹在馅饼表面以使馅饼烤成金黄色）、压碎的面包干、切成丝的红葱头和奶油放入沙拉盆并搅拌均匀。加盐和胡椒粉调味。

2 将混合物倒入挞盘中，把另1张千层酥皮盖在混合物上面并整形，然后将蛋黄液均匀抹在馅饼表面。将挞盘放入预热至200℃的烤箱烤45分钟。

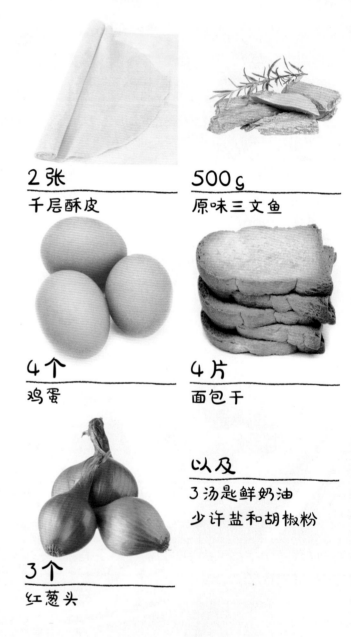

2张
千层酥皮

500g
原味三文鱼

4个
鸡蛋

4片
面包干

3个
红葱头

以及
3汤匙鲜奶油
少许盐和胡椒粉

法式洋葱挞

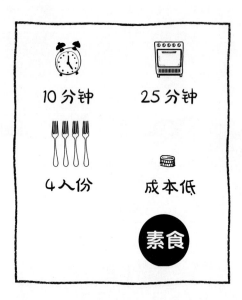

10分钟

25分钟

4人份

成本低

素食

1 把黄油放入不粘锅中加热至熔化，然后加入切成丝的洋葱炒几分钟，炒好后盛出备用。

2 将鸡蛋、牛奶和面粉放入沙拉盆中，搅拌均匀。加入炒好的洋葱丝和格吕耶尔奶酪丝，搅拌均匀，然后加入盐和胡椒粉调味。

3 在挞盘中铺上烘焙纸，倒入混合物，将挞盘放入预热至180℃的烤箱烤25分钟。

可以搭配松仁菠菜苗沙拉食用。

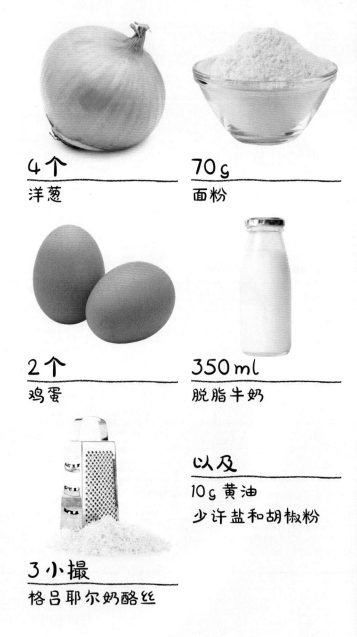

4个
洋葱

70g
面粉

2个
鸡蛋

350ml
脱脂牛奶

以及

10g 黄油
少许盐和胡椒粉

3小撮
格吕耶尔奶酪丝

火焰薄饼

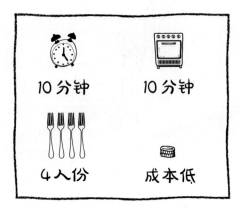

10分钟　10分钟

4人份　成本低

4 张
墨西哥薄饼

4 个
洋葱

1 洋葱切丝，放入不粘锅中煎至透明后盛出。

2 将小瑞士奶酪、奶油和肉豆蔻粉混合均匀，加盐和胡椒粉调味。将做好的混合物均匀地抹在墨西哥薄饼上。

3 在墨西哥薄饼上撒上洋葱丝和熏五花肉丁。将薄饼放入预热至180℃的烤箱烤10分钟。

💡 可以用培根代替熏五花肉，培根不像五花肉那样油腻。

4 杯
小瑞士奶酪

2 汤匙
鲜奶油

以及
1小撮肉豆蔻粉
少许盐和胡椒粉

90 g
熏五花肉丁

起酥比萨

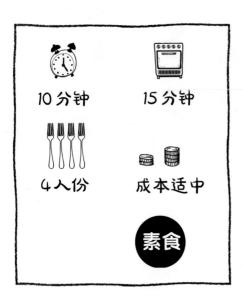

10 分钟 15 分钟

4 人份 成本适中

素食

1 将蛋黄打散，抹在 4 张比萨饼皮上，然后把 4 张比萨饼皮叠放在一起。

2 将番茄切成圆片，将洋葱切成细丝，将奶酪球切成片，然后把它们放在最上面的比萨饼皮上。

3 撒上帕尔玛干酪丝和切碎的罗勒叶。将比萨放入预热至 180℃ 的烤箱烤 15 分钟。

4 张
起酥比萨饼皮

4 个
番茄

4 个
嫩洋葱

2 个
马苏里拉奶酪球

以及
2 个蛋黄
10 片罗勒叶

60 g
帕尔玛干酪丝

白比萨

10 分钟　　20 分钟

4 人份　　成本适中

1 将里科塔奶酪、稀奶油和胡椒粉
混合在一起并搅拌均匀，然后抹
在比萨饼皮上。将马苏里拉奶酪切成
薄片，将鸡胸肉切成小块，把它们撒
在比萨饼皮上。

2 将比萨平铺在烤架上，将烤架放
入预热至180℃的烤箱烤20分钟。

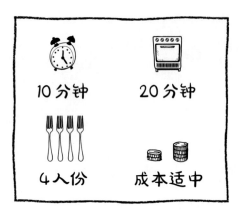

1 张
比萨饼皮

4 汤匙
里科塔奶酪

1 汤匙
稀奶油

1 个
马苏里拉奶酪球

以及
少许胡椒粉

200 g
鸡胸肉

夏日比萨

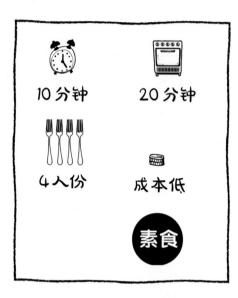

10分钟　　20分钟

4人份　　成本低

素食

1张
比萨饼皮

5汤匙
番茄沙司

1 将番茄沙司均匀地抹在比萨饼皮上。洋葱切丝，甜椒切细条，西葫芦擦丝，把它们撒在比萨饼皮上。再在上面撒刺山柑花蕾、格吕耶尔奶酪丝和牛至碎。

4个
嫩洋葱

1个
橙色甜椒

2 把比萨平铺在烤架上，放入预热至180℃的烤箱烤20分钟。

1根
西葫芦

以及
1汤匙刺山柑花蕾
30g格吕耶尔奶酪丝
2小撮牛至碎

五花肉奶酪鸡蛋船

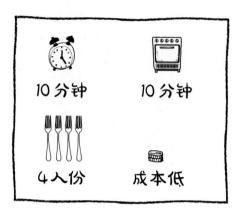

10分钟　　10分钟

4人份　　成本低

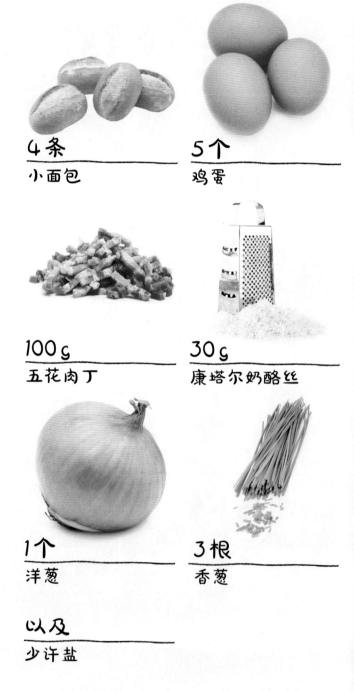

4条
小面包

5个
鸡蛋

100g
五花肉丁

30g
康塔尔奶酪丝

1个
洋葱

3根
香葱

以及
少许盐

1 将面包切开，取出面包心。五花肉烤熟，洋葱切丝，香葱切碎。

2 将鸡蛋、五花肉、康塔尔奶酪丝、洋葱丝和香葱末混合在一起并搅拌均匀。

3 将做好的混合物塞入面包中，撒少许盐调味，将鸡蛋船放入预热至180℃的烤箱烤10分钟。

诺曼底焦脆三明治

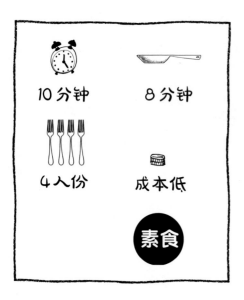

10分钟　　8分钟

4人份　　成本低

素食

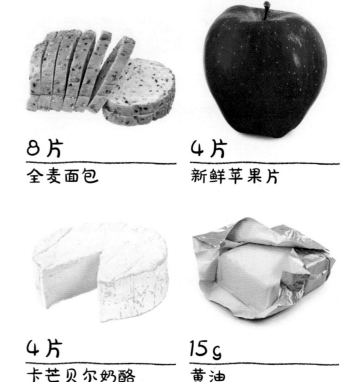

8片
全麦面包

4片
新鲜苹果片

4片
卡芒贝尔奶酪

15g
黄油

1 将苹果片放入不粘锅煎几分钟，直至苹果片变焦黄。

2 将黄油抹在面包片上，将苹果片和卡芒贝尔奶酪片放在其中1片面包上，再用1片面包盖上，1个三明治做好了，如此重复，一共做4个三明治。

3 将三明治放在平底锅中，两面各煎几分钟。

意大利蝴蝶面

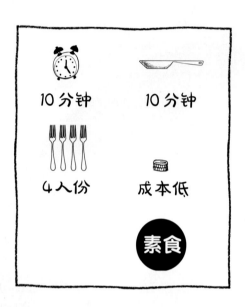

10 分钟　　　10 分钟

4 人份　　　成本低

素食

1 将蔬菜切成小块放入不粘锅中
炒约 10 分钟，盛出备用。

2 汤锅中加水和盐，水烧沸后将
蝴蝶面放到沸水中煮熟。

3 将炒好的蔬菜、切碎的蒜和橄榄
油混合均匀，倒入汤锅中，加盐
和胡椒粉调味，然后在混合物中放入
切成小块的马苏里拉奶酪。

💡 可以使用制作法式蔬菜杂烩的
速冻蔬菜（番茄、西葫芦、甜
椒等）。

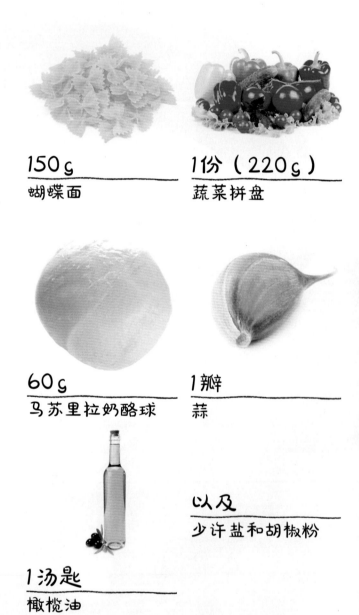

150 g
蝴蝶面

1份（220 g）
蔬菜拼盘

60 g
马苏里拉奶酪球

1瓣
蒜

以及
少许盐和胡椒粉

1汤匙
橄榄油

豌豆火腿土豆团子

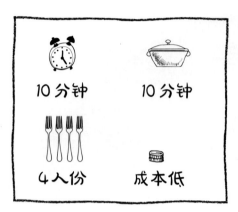

10 分钟　　10 分钟

4 人份　　成本低

1 将黄油放入炒锅加热至熔化，锅中放入意大利土豆团子并煎至两面呈金黄色，最多煎 10 分钟，加盐和胡椒粉调味。

2 放入火腿丁、青豌豆和欧芹末，炒几分钟。

最好用速冻青豌豆，因为它们硬一些，烹饪后口感更好。

600 g
意大利土豆团子

150 g
火腿丁

150 g
煮熟的青豌豆

10 g
黄油

1 汤匙
欧芹末

以及
少许盐和胡椒粉

鸭肉炒方便面

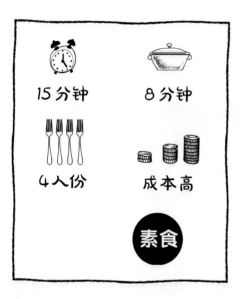

15分钟　　8分钟

4人份　　成本高

素食

200g
方便面

2块
鸭胸肉

1颗
西蓝花

2根
胡萝卜

50g
腰果

以及
1汤匙香醋
2汤匙蜂蜜
4汤匙酱油

1 将香醋、蜂蜜和酱油倒入碗里，搅拌均匀，做成酱汁备用。将掰成小块的西蓝花、切成丁的胡萝卜和方便面放入沸水中煮5分钟，捞出备用。

2 将鸭胸肉放入平底锅中，带皮的一面煎5分钟，另一面煎3分钟。把皮撕下，把肉切成薄片。

3 将鸭肉和蔬菜方便面倒入炒锅中，再加入酱汁和捣碎的腰果，翻炒3分钟。

意式西葫芦奶酪切面

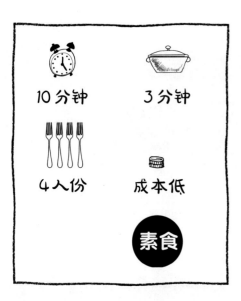

10分钟

3分钟

4人份

成本低

素食

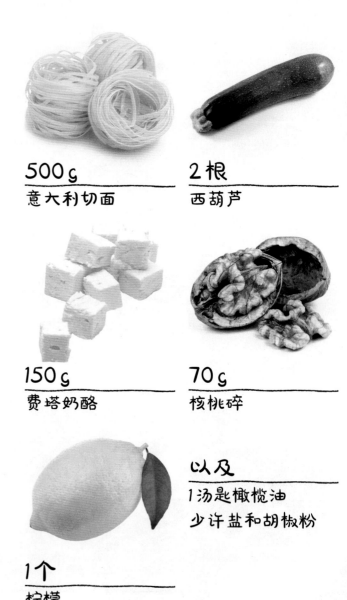

500g
意大利切面

2根
西葫芦

150g
费塔奶酪

70g
核桃碎

1个
柠檬

以及
1汤匙橄榄油
少许盐和胡椒粉

1 将意大利切面煮至口感筋道，捞出备用。用削皮刀将西葫芦削成长片，将西葫芦片放入盘中并倒入2汤匙水，将盘子放入微波炉加热4分钟。

2 炒锅中倒入橄榄油，放入煮好的切面。加入费塔奶酪和核桃碎，搅拌均匀。加入西葫芦、柠檬汁和切成丝的柠檬皮。加盐和胡椒粉调味，小火翻炒3分钟。

💡 可以用布鲁斯奶酪代替费塔奶酪。

意式西蓝花切面

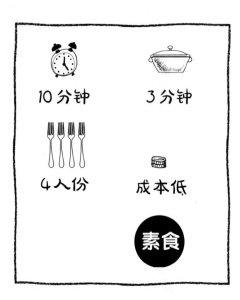

10分钟　　3分钟

4人份　　成本低

素食

1 将意大利切面煮至口感筋道，然后捞出。将西蓝花掰成小朵，放入锅中煮熟后捞出。将黄油放入炒锅中加热至熔化，加入菠菜叶翻炒3分钟。

2 向炒锅中加入西蓝花和鲜奶油，然后加入煮熟的面条和帕尔玛干酪丝。加盐和胡椒粉调味，小火翻炒均匀即可食用。

💡 如果没有新鲜菠菜，可以用速冻菠菜代替。

500g
绿色意大利切面

250g
西蓝花

适量
菠菜叶

1汤匙
鲜奶油

40g
帕尔玛干酪丝

以及

15g 黄油
少许盐和胡椒粉

意式培根扁面

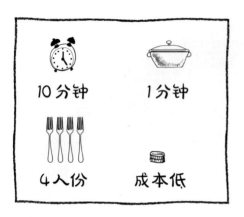

10分钟　　1分钟

4人份　　成本低

1 将意大利扁面煮至口感筋道，捞出备用。炒锅中倒入橄榄油，将煮熟的面条与压碎的蒜放入锅中，炒1分钟。然后把它们盛到汤碗中。

2 将意大利培根切成条，与番茄干、芝麻菜一起撒在意大利扁面上。用削皮刀削几片帕尔玛干酪，撒在面上。加盐调味。

500 g
意大利扁面

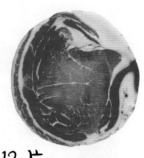

12 片
意大利培根

50 g
番茄干

适量
芝麻菜

30 g
帕尔玛干酪

以及
1汤匙橄榄油
1瓣蒜
少许盐

蔬菜金枪鱼意大利面

⏰ 5分钟　　🍲 15分钟

🍴 4人份　　　成本低

1 金枪鱼弄碎，洋葱切丝，把它们都倒入汤锅中，再加入意大利切面和番茄肉。锅内倒入400ml水，搅拌均匀，煮沸。

2 转小火继续煮15分钟。加盐和胡椒粉调味，撒上罗勒叶末。

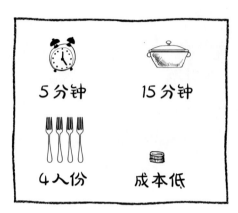

250 g
意大利切面

150 g
原味金枪鱼罐头

1个
洋葱

150 g
去皮番茄

2汤匙
罗勒叶末

以及
少许盐和胡椒粉

意大利茄子宽面

10分钟

23分钟

4人份

成本低

特色
宴客菜

500g
意大利宽面

2根
茄子

300g
戈尔贡左拉干酪

1汤匙
欧芹末

1 将意大利宽面煮至口感筋道，捞出备用。把茄子切成丁，锅中倒入橄榄油，放入茄丁，煸炒几下，加水没过茄丁，加盐调味，盖上锅盖炖20分钟。

2 将意大利宽面倒入锅中，将干酪切成小块，放入锅中。撒上欧芹末，小火继续煮3分钟。

以及

2咖啡匙橄榄油
少许盐

菠菜奶酪肉卷

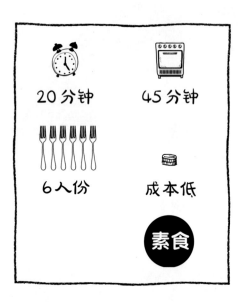

20分钟　　45分钟

6人份　　成本低

素食

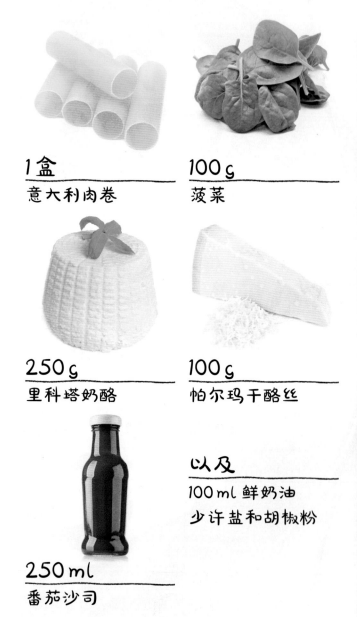

1盒
意大利肉卷

100g
菠菜

250g
里科塔奶酪

100g
帕尔玛干酪丝

以及
100ml 鲜奶油
少许盐和胡椒粉

250ml
番茄沙司

1 将里科塔奶酪、帕尔玛干酪丝和切碎的菠菜混合均匀，加盐和胡椒粉调味，做成馅备用。将馅填入意大利肉卷，将肉卷摆在烤盘里。

2 把番茄沙司和鲜奶油混合均匀，并抹在肉卷上。把填了馅的肉卷放入预热至200℃的烤箱烤45分钟。

💡 可以使用煮熟的意大利肉卷，也可以使用速冻菠菜。

茄子酱意大利千层面

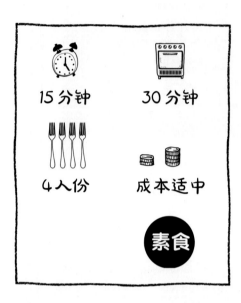

15分钟 30分钟

4人份 成本适中

素食

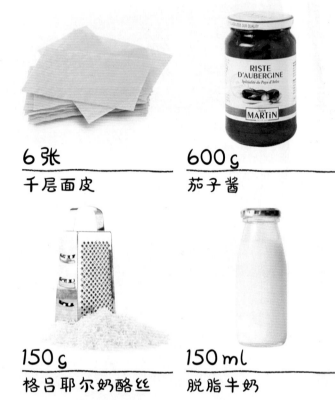

6张
千层面皮

600g
茄子酱

150g
格吕耶尔奶酪丝

150ml
脱脂牛奶

2汤匙
鲜奶油

1 在涂了油的烤盘上放1张千层面皮，在上面抹一层茄子酱并撒少许格吕耶尔奶酪丝。重复刚才的步骤，最上面的千层面皮表面只放格吕耶尔奶酪丝。

2 将奶油和牛奶混合均匀，倒入烤盘中。将烤盘放入预热至180℃的烤箱烤30分钟。

💡 也可以用法式蔬菜杂烩代替茄子酱。

奶油奶酪焗土豆团子

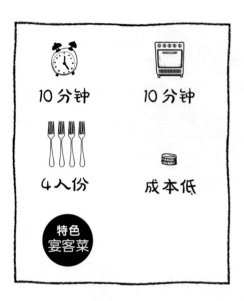

10分钟　　10分钟

4人份　　成本低

特色宴客菜

1袋
意大利土豆团子

50g
黑橄榄

200ml
稀奶油

200g
帕尔玛干酪丝

1 小火加热稀奶油，并不断向奶油中加入帕尔玛干酪丝。将意大利土豆团子放在沸水中煮1分钟，然后捞出。

2 黑橄榄去核并切成两半，切好后放入玻璃焗盘中。把煮熟的土豆团子和奶油奶酪倒入玻璃焗盘中，搅拌均匀。把玻璃焗盘放入预热至220℃的烤箱烤10分钟。

也可以加一些格吕耶尔奶酪。搭配芝麻菜沙拉食用。

菠菜奶酪馅贝壳粉

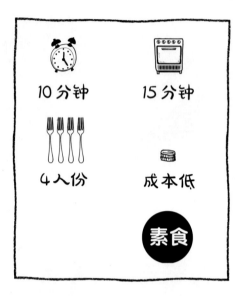

10分钟

15分钟

4人份

成本低

素食

1 将意大利贝壳粉煮至口感筋道，捞出备用。将里科塔奶酪、切碎的菠菜、盐和胡椒粉搅拌均匀，做成馅，再将贝壳粉倒进去，搅拌，使贝壳粉填满馅。

2 洋葱切丝，锅中倒入橄榄油，倒入洋葱丝翻炒，再倒入番茄翻炒。加盐调味，翻炒几分钟，做成番茄酱备用。

3 将填了馅的贝壳粉放到烤盘中，倒入番茄酱，撒上帕尔玛干酪丝。将烤盘放入预热至210℃的烤箱烤15分钟。

500g
意大利贝壳粉

500g
里科塔奶酪

300g
菠菜

2个
洋葱

250g
去皮番茄

以及

1汤匙橄榄油

1汤匙帕尔玛干酪丝

少许盐和胡椒粉

豌豆小弯管通心粉

⏰ 10分钟　　🍲 13分钟

🍴 4人份　　🔖 成本低

300 g

小弯管通心粉

200 g

口蘑

1 将红葱头切丝。锅中倒入橄榄油，加入红葱头丝翻炒。加入小弯管通心粉，再倒入鸡肉浓汤，加盐和胡椒粉调味，并搅拌均匀。

2 边小火加热边搅拌，熬10分钟，直至汤汁浓稠。

3 加入口蘑、青豌豆和奶油，撒上帕尔玛干酪丝和欧芹末，继续加热3分钟。

💡 如果用蔬菜浓汤代替鸡肉浓汤，这就是一道素食了。

150 g

煮熟的青豌豆

1个

红葱头

以及

1汤匙橄榄油
4汤匙奶油
2汤匙帕尔玛干酪丝
1汤匙欧芹末
少许盐和胡椒粉

600 ml

鸡肉浓汤（由鸡肉味汤块熬成）

香肠鸡肉烩饭

15 分钟　　10 分钟

6 人份　　成本适中

1 洋葱切丝备用。锅中倒入橄榄油，倒入一半洋葱丝翻炒几下。加入意式白米，不停翻炒，直至呈半透明状，然后倒入白葡萄酒。

2 酒开始蒸发时，缓慢倒入煮好的鸡肉浓汤，分次倒入，每次倒入后都要等鸡肉浓汤熬干后再倒。加盐和胡椒粉调味，关火，盛出备用。

3 锅中倒入另一半洋葱丝，用剩油炒。撕下西班牙辣香肠的肠衣，将香肠切成圆片放入锅中，再加入切成丁的鸡胸肉。炒10分钟，然后倒入第2步做好的饭，搅拌均匀。

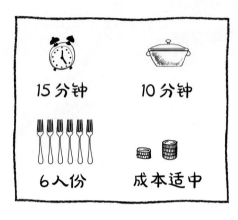

250 g
意式白米

1 根
西班牙辣香肠

2 块
鸡胸肉

300 ml
白葡萄酒

1000 ml
鸡肉浓汤（由鸡肉味汤块熬成）

以及
2 个洋葱
1 汤匙橄榄油
少许盐和胡椒粉

蔬菜鸡腿

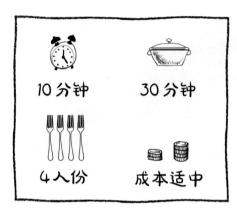

10分钟   30分钟

4人份   成本适中

1 洋葱和甜椒切丝，茄子切丁备
用。珐琅锅中倒入橄榄油，把鸡
腿放到锅中煎一会儿。加入洋葱丝翻
炒几分钟，然后加入甜椒丝和茄子丁。

2 加盐和胡椒粉调味，加入香料，
再倒入番茄。盖上盖子，小火炖
30分钟。

4个
鸡腿

1个
洋葱

1个
青甜椒

1根
茄子

250g
去皮番茄

以及
1汤匙橄榄油
1小把香料
少许盐和胡椒粉

藏红花烤鸡

10分钟　　1小时30分钟

4人份　　成本适中

特色
宴客菜

1 将藏红花与橄榄油混合。将切成4块的柠檬、捣碎的蒜、捣碎的鸡肉味汤块塞到鸡肚子里。

2 用刷子将橄榄油混合物刷在鸡身上，将鸡放在烤盘中。加盐和胡椒粉调味，然后将烤盘放入预热至180℃的烤箱烤1小时30分钟。

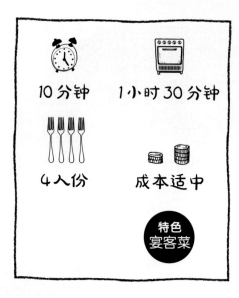

1只
土鸡

1撮
藏红花

1个
柠檬

1瓣
蒜

1块
鸡肉味汤块

以及
2汤匙橄榄油
少许盐和胡椒粉

巴斯克炖鸡

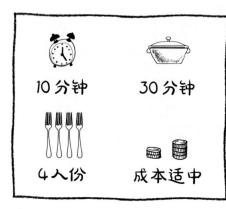

10分钟　　30分钟

4人份　　成本适中

1 炒锅中倒入橄榄油，将鸡腿煎至呈金黄色。把切成丝的洋葱、捣碎的蒜、切成块的红甜椒都倒入炒锅中，翻炒几分钟，加盐和胡椒粉调味。

2 番茄切块，倒入锅中，锅中倒入50 ml水，盖上锅盖，炖30分钟左右。

最后可以加几片火腿，并撒少许欧芹末。

4个
鸡腿

4个
洋葱

4瓣
蒜

3个
红甜椒

6个
番茄

以及
3汤匙橄榄油
少许盐和胡椒粉

西葫芦番茄煎鸡胸肉

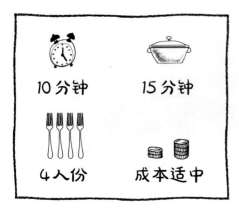

10分钟　　15分钟

4人份　　成本适中

1 将鸡胸肉切成块，撒上辣椒粉。
在平底锅中倒入1汤匙橄榄油，
将鸡胸肉放入锅中煎10分钟，盛出
备用。

2 炒锅中倒入剩下的橄榄油，西葫
芦切块，放入炒锅中，炒10分
钟左右。

3 将鸡胸肉倒入炒锅，再加入迷迭
香和切成块的圣女果。加盐和胡
椒粉调味，盖上锅盖，小火焖5分钟
左右。

4块
鸡胸肉

3根
西葫芦

1咖啡匙
红辣椒粉

6个
圣女果

以及
2汤匙橄榄油
少许盐和胡椒粉

适量
迷迭香

洋李干煨珠鸡

10分钟	**1小时**
4人份	**成本适中**

1只
农家珠鸡

15颗
去核洋李干

1 将去核洋李干塞到珠鸡肚中。将珠鸡放到烤盘上，刷上橄榄油，并撒上盐和胡椒粉调味。将烤盘放入预热至210℃的烤箱烤30分钟。

2 烤盘中倒入白葡萄酒，加入一点儿水，再烤30分钟，其间要不时把烤盘从烤箱中拿出来，将烤盘中的汤浇在鸡肉上。如果洋李干没用完，可以把剩余的放在珠鸡周围。

100ml
白葡萄酒

2汤匙
橄榄油

以及
少许盐和胡椒粉

白醋烤鸡

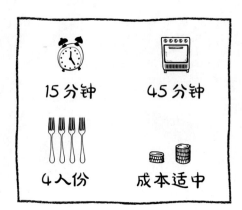

15分钟　45分钟

4人份　成本适中

1 把白醋、芥末酱、番茄膏、稀奶油和50ml水倒入沙拉盆中，搅拌均匀。加盐和胡椒粉调味。

2 将鸡肉切成块，放入沙拉盆中并搅拌均匀。把拌好的鸡肉倒入烤盘，然后放入预热至200℃的烤箱烤45分钟。

1只
土鸡

50ml
白醋

5汤匙
芥末酱

2汤匙
番茄膏

以及
少许盐和胡椒粉

100g
稀奶油

蜂蜜焦黄鸡

5分钟

15~20分钟

4人份

腌 15分钟

成本高

1 将蒜捣碎，加入葵花子油、蜂蜜、酱油、香菜末、盐、胡椒粉和4汤匙水，搅拌均匀。

2 将混合物倒在鸡肉上，腌15分钟。将鸡肉放到平底锅中，中火煎15~20分钟。

-🔆- 建议选用鸡腿或鸡翅。

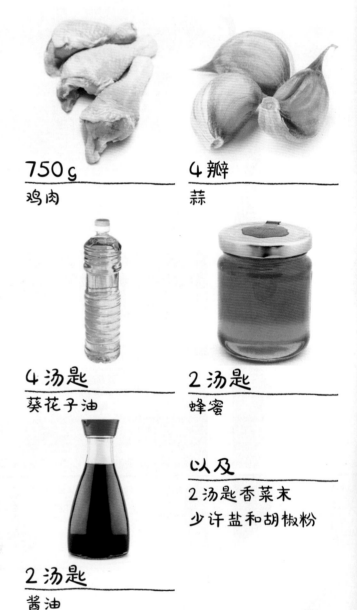

750 g
鸡肉

4 瓣
蒜

4 汤匙
葵花子油

2 汤匙
蜂蜜

以及
2汤匙香菜末
少许盐和胡椒粉

2 汤匙
酱油

普罗旺斯烤鸡

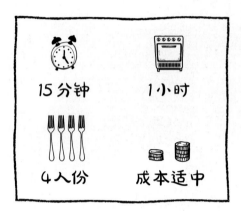

15分钟 1小时

4人份 成本适中

1 洋葱、西葫芦、茄子和甜椒切块
备用。珐琅锅中倒油，倒入切好
的蔬菜翻炒一会儿，加盐和胡椒粉调
味。将炒好的蔬菜均匀地铺在烤盘中。

2 将鸡放到蔬菜上面。烤盘中加入
150ml水、切成两半的圣女果和
捣碎的蒜。将烤盘放入预热至210℃
的烤箱烤1小时。

1只
土鸡

1个
洋葱

2根
西葫芦

1根
茄子

1个
橙色甜椒

4个
圣女果

以及
适量盐和胡椒粉
少许橄榄油
适量蒜

杏干焖鸡胸肉

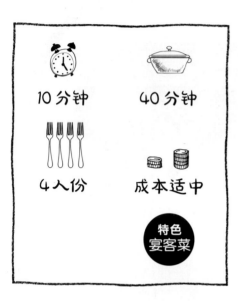

10分钟　　40分钟

4人份　　成本适中

特色宴客菜

1 洋葱切丝，鸡肉切块。珐琅锅中倒入橄榄油，放入洋葱丝翻炒。放入鸡块，将鸡块煎至呈金黄色。

2 锅中放入摩洛哥混合香料，加盐和胡椒粉调味，盖上锅盖，小火焖10分钟。

3 锅中加水，直至没过鸡块，继续焖20分钟。加入杏干和开心果仁，再焖10分钟。

4块
鸡胸肉

10颗
杏干

2汤匙
开心果

4个
洋葱

1咖啡匙
摩洛哥混合香料

以及
1汤匙橄榄油
少许盐和胡椒粉

日式烤鸡肉串

10分钟

8分钟

4人份

腌 1小时

特色 宴客菜

成本低

3块
鸡胸肉

1/2 瓣
蒜

1咖啡匙
姜末

15 g
黄糖

50 ml
意大利香醋

50 ml
酱油

1 蒜捣碎。将除了鸡肉之外的所有原料混合在一起并搅拌均匀，做成腌料。鸡肉切块，放入腌料中至少腌1小时。

2 用竹签串起鸡肉块，放入烤箱烤架中烤8分钟，其间要不时给鸡肉串淋腌料。

💡 也可以用烧烤架烤。

酱鸡胸肉

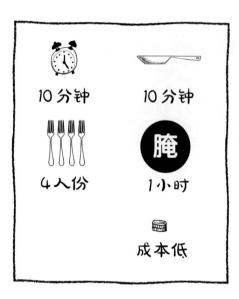

10分钟

10分钟

4人份

腌
1小时

成本低

500g
鸡胸肉

2汤匙
酱油

1汤匙
橄榄油

1咖啡匙
大蒜粉

以及
少许胡椒粉

适量
香菜

1 香菜切碎，与酱油、橄榄油、大蒜粉和胡椒粉充分混合，做成酱汁。鸡胸肉用酱汁腌1小时左右。

2 锅热后，倒入鸡胸肉和酱汁，煎10分钟。

3 如果酱汁变焦黄了，可加水稀释一下。配着米饭食用。

💡 要使用甜味酱油。也可以用火鸡肉代替鸡胸肉。

椰奶咖喱鸡肉

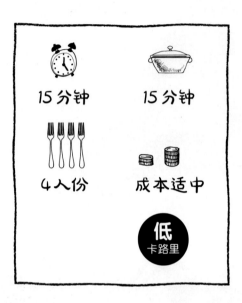

15分钟   15分钟

4人份   成本适中

低
卡路里

1 鸡胸肉切成小块，珐琅锅中倒入橄榄油，放入鸡块煎至呈金黄色。

2 倒入椰奶，加入去皮番茄和咖喱粉。小火煮15分钟。

也可以切一个苹果放入锅中。

4块
鸡胸肉

400ml
椰奶

250g
去皮番茄

1汤匙
橄榄油

1汤匙
咖喱粉

柠檬橄榄鸡

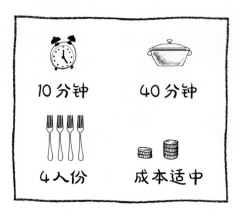

10分钟   40分钟

4人份   成本适中

1 土鸡剁成块，洋葱切成丝。炒锅加热，倒入橄榄油、鸡块和洋葱丝，把它们炒至呈金黄色。

2 在锅中加入柠檬汁、橄榄、摩洛哥混合香料和汤块。加水至没过所有原料，然后盖上锅盖小火煮40分钟。

💡 可以搭配几片柠檬片食用。

1只
土鸡

2个
柠檬

2个
洋葱

50g
橄榄

1汤匙
摩洛哥混合香料

以及
1汤匙橄榄油
1块鸡肉味汤块

樱桃波特酒珠鸡

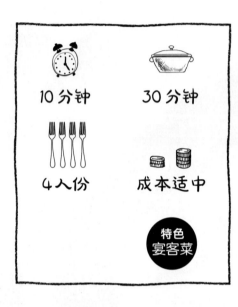

10分钟　　30分钟

4人份　　成本适中

特色
宴客菜

4块
珠鸡肉

400g
樱桃

50ml
葡萄牙波特酒

2汤匙
橄榄油

以及
少许盐和胡椒粉

1 给珠鸡撒上盐和胡椒粉调味。锅中倒入橄榄油，放入珠鸡煎15分钟左右。

2 樱桃去核，放入锅中，继续煎15分钟。倒入波特酒，煮沸后再煮一小会儿即可关火。

如果没有新鲜樱桃，可以使用樱桃罐头。

蘑菇煎火鸡肉

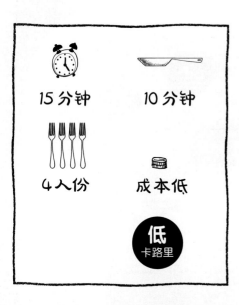

15 分钟　　　10 分钟

4 人份　　　成本低

低
卡路里

1 锅中放入黄油加热至熔化，将切成丝的洋葱放入锅中煎至呈金黄色。放入切成片的火鸡鸡胸肉，加盐和胡椒粉调味，继续炒 5 分钟。

2 放入欧芹末和切成片的蘑菇，用小火继续炒 3 分钟。倒入稀奶油，小火煮 2 分钟。

💡 可以使用菌菇拼盘。

600 g
火鸡鸡胸肉

300 g
蘑菇

2 个
洋葱

1 汤匙
欧芹末

以及
20 g 黄油
少许盐和胡椒粉

200 ml
稀奶油

火鸡培根肉卷

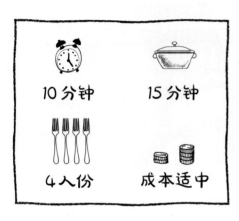

10分钟　　15分钟

4人份　　成本适中

1 洋葱切丝备用。锅中放入黄油加热至熔化，然后放入洋葱丝翻炒。

2 在每片火鸡肉上放1片熏培根和1片干酪。将它们卷起来，用牙签固定好。

3 将肉卷放在炒锅中煎10分钟。加胡椒粉调味，倒入黄啤酒，继续加热5分钟。

💡 火鸡肉片和熏培根要用最嫩的。

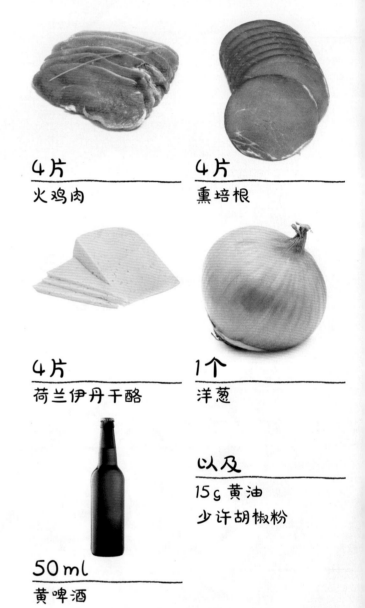

4片
火鸡肉

4片
熏培根

4片
荷兰伊丹干酪

1个
洋葱

以及
15g 黄油
少许胡椒粉

50ml
黄啤酒

芥末酱炒火鸡

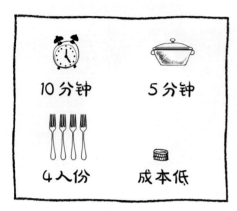

10分钟　　5分钟

4人份　　成本低

1 洋葱切丝备用。锅中放入黄油加热至熔化，倒入洋葱丝翻炒。加入切成片的火鸡鸡胸肉，大火翻炒4分钟。加盐和胡椒粉调味，然后盛出备用。

2 无须刷锅，锅中加入干白葡萄酒、法式带籽芥末酱和稀奶油，中火煮1分钟。

3 锅中倒入炒好的洋葱和鸡胸肉，边搅拌边用小火煮几分钟左右。最后撒上香葱末。

600 g
火鸡鸡胸肉

1个
洋葱

50 ml
干白葡萄酒

2 汤匙
法式带籽芥末酱

以及

20 g 黄油
2 汤匙香葱末
少许盐和胡椒粉

200 ml
稀奶油

椰枣咖喱火鸡

10分钟　　20分钟

4人份　　成本低

1 锅中倒入橄榄油，放入火鸡肉和咖喱粉翻炒几分钟。

2 椰枣去核，将每颗椰枣切成3块，放入锅中，同时在锅中加入椰奶和姜粉。盖上锅盖，小火煮20分钟。

4片

火鸡肉

10颗

椰枣

1咖啡匙

咖喱粉

1汤匙

橄榄油

200ml

椰奶

1咖啡匙

姜粉

主菜 170

胡萝卜煨火鸡

10 分钟　　40 分钟

4人份　　成本低

1 珐琅锅中倒入橄榄油和切成块的火鸡肉，将火鸡肉煎至呈金黄色。加盐和胡椒粉调味，再加入切成片的胡萝卜、柠檬汁和切成丝的柠檬皮。

2 倒入用500ml水稀释过的番茄膏，放入切碎的牛至，盖上锅盖，小火煨40分钟。

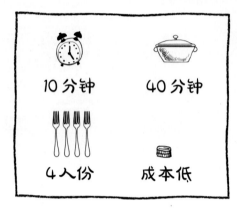

800g
火鸡鸡胸肉

8根
胡萝卜

1个
柠檬

4汤匙
番茄膏

以及
1汤匙橄榄油
少许盐和胡椒粉

1汤匙
粗粗切碎的新鲜牛至

主菜 172

苹果烤小火鸡

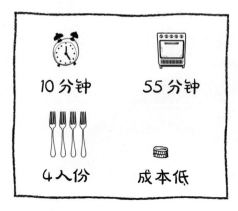

10分钟   55分钟

4人份   成本低

1 将小火鸡放入预热至210℃的烤箱烤15分钟。

2 苹果去核，每个苹果切成4块；洋葱切丝备用。在小火鸡周围放上苹果块、洋葱丝，倒入苹果酒，再加入盐和胡椒粉调味，继续烤40分钟。

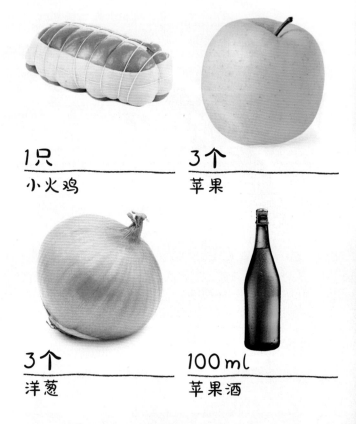

1只
小火鸡

3个
苹果

3个
洋葱

100ml
苹果酒

以及
少许盐和胡椒粉

葡萄酒炖鹌鹑

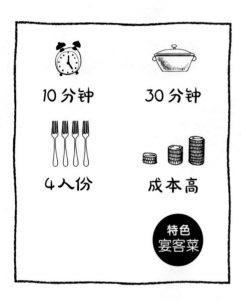

10分钟　　30分钟

4人份　　成本高

特色
宴客菜

1 用生火腿片将鹌鹑包好。锅中倒入橄榄油，将包好的鹌鹑放入锅中煎一会儿。

2 加盐和胡椒粉调味，撒上粗粗切碎的百里香，盖上锅盖，小火再炖20分钟。

3 倒入波尔图葡萄酒，撒上葡萄干，不盖锅盖，炖10分钟。

4只
鹌鹑

4片
生火腿

50g
葡萄干

100ml
波尔图葡萄酒

2汤匙
橄榄油

以及
1枝百里香
少许盐和胡椒粉

主菜 176

黄桃烤鸭胸肉

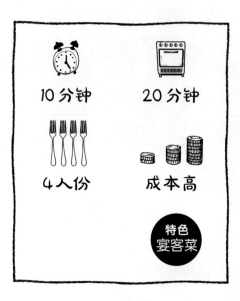

10 分钟　　　20 分钟

4 人份　　　成本高

特色
宴客菜

1 在烘焙纸上交替放上切成片的鸭胸肉和黄桃肉。

2 加入丁香花蕾、橙汁和波尔图葡萄酒，加盐和胡椒粉调味。包好，将包好的鸭胸肉放入预热至180℃的烤箱烤20分钟。

💡 使用黄桃罐头会更方便。

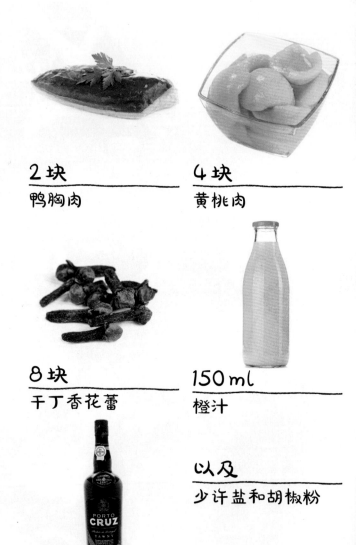

2 块
鸭胸肉

4 块
黄桃肉

8 块
干丁香花蕾

150 ml
橙汁

50 ml
波尔图葡萄酒

以及
少许盐和胡椒粉

菠萝鸭

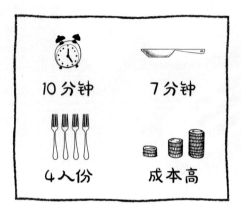

10分钟   7分钟

4人份   成本高

1 将奶酪放入菠萝汁中搅拌均匀。平底锅中放入黄油加热至熔化，将鸭肉片放入锅中煎5分钟，煎至呈金黄色。

2 锅中加入切成块的菠萝，继续煎2分钟。

3 锅中倒入奶酪菠萝汁，加盐和胡椒粉调味，再炖几分钟。

12片
薄薄的鸭肉片

1/2个
菠萝

5咖啡匙
圣莫雷奶酪

3汤匙
菠萝汁

15g
黄油

以及
少许盐和胡椒粉

橙汁鸭

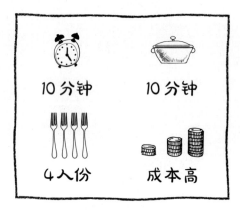

10 分钟　　10 分钟

4 人份　　成本高

1 平底锅加热，将鸭肉片放入平底锅煎一会儿，再加入橙子酱和 50ml 水，搅拌均匀，炖 5 分钟。

2 将玉兰菜切成两半备用。炒锅中加入橙汁和黄油，再放入玉兰菜。翻炒 10 分钟，直至玉兰菜变软。

3 炒锅中加入炖好的鸭肉片，然后加盐和胡椒粉调味。

12 片
薄薄的鸭肉片

3 个
橙子

8 颗
玉兰菜

1 咖啡匙
橙子酱

10 g
黄油

以及
少许盐和胡椒粉

鳄梨汉堡

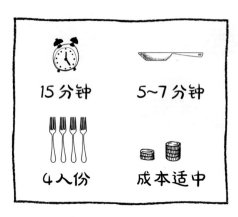

15分钟　5~7分钟

4人份　成本适中

1 将鳄梨肉、柠檬汁和蛋黄酱放入料理机搅打均匀，加盐和胡椒粉调味，做成酱料备用。

2 将牛肉馅分成4份，同培根一起放入不粘锅中煎5~7分钟。将酱料、煎好的牛肉饼和培根放入汉堡饼中。

💡 建议选用熟透的鳄梨。

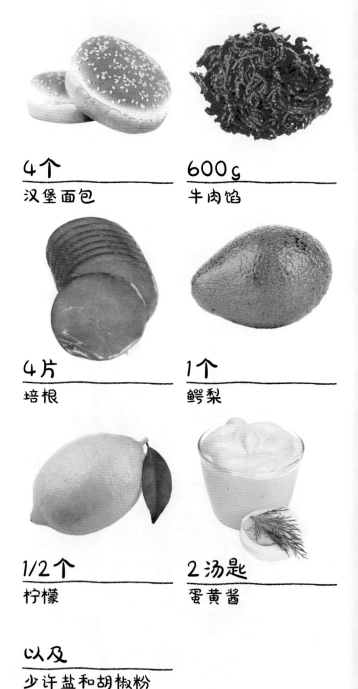

4个
汉堡面包

600g
牛肉馅

4片
培根

1个
鳄梨

1/2个
柠檬

2汤匙
蛋黄酱

以及
少许盐和胡椒粉

孜然味牛肉馅

10分钟　**25分钟**

4人份　**成本低**

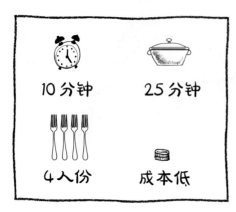

1 嫩洋葱切碎，胡萝卜切丁备用。炒锅中倒入橄榄油，放入嫩洋葱炒一会儿，然后加入胡萝卜和孜然，翻炒均匀。

2 炒锅中倒入100ml水，加盐和胡椒粉调味，盖上锅盖，小火煨25分钟。

3 将牛肉馅放入平底不粘锅中，边搅拌边炒10分钟左右，盛出放入第2步的锅中搅拌均匀。加盐和胡椒粉调味，撒上香菜末。

250g
牛肉馅

700g
胡萝卜

6个
嫩洋葱

1咖啡匙
孜然粉

以及
1汤匙橄榄油
少许盐和胡椒粉

2汤匙
香菜末

香菜牛肉丸

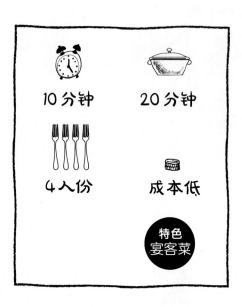

10分钟　　20分钟

4人份　　成本低

**特色
宴客菜**

1 将牛肉馅、切成丝的洋葱和香菜末混合均匀。加盐和胡椒粉调味，然后用手将牛肉馅团成丸子。

2 炒锅中倒入橄榄油，将丸子放入锅中，煎几分钟至表面呈金黄色。

3 倒入番茄酱，搅拌均匀，盖上锅盖，小火煨20分钟左右。

500g
牛肉馅

500g
番茄酱

1个
洋葱

2汤匙
香菜末

2咖啡匙
橄榄油

以及
少许盐和胡椒粉

古斯古斯肉丸

15 分钟　　30 分钟

4 人份　　成本适中

1 将蔬菜切成小块倒入珐琅锅中，加水没过蔬菜，加入牛肉味汤块和摩洛哥混合香料。盖上锅盖煮沸后转小火煮25分钟。

2 将牛肉馅、切成丝的洋葱、薄荷叶末、吐司面包心和牛奶混合均匀，做成肉丸。平底锅中倒入橄榄油，将肉丸放入锅中煎5分钟。

3 将肉丸放入蔬菜锅中，继续煮5分钟。

可以用专门制作古斯古斯的冷冻蔬菜（西葫芦、胡萝卜、白萝卜、西芹、青椒、鹰嘴豆等）。

1份（1kg）
蔬菜拼盘

500g
牛肉馅

1个
洋葱

1块
牛肉味汤块

2汤匙
摩洛哥混合香料

以及
50g 吐司面包心
50ml 牛奶
1汤匙薄荷叶末
1汤匙橄榄油

摩洛哥肉馅西葫芦

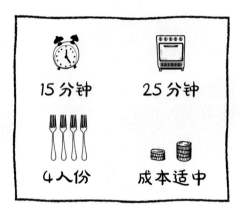

15分钟　　25分钟

4人份　　成本适中

1 将西葫芦顶部切下来，用勺子将中间掏空。将挖出的西葫芦瓤剁碎备用。

2 将切成丝的洋葱、切成条的甜椒和牛肉馅放入平底不粘锅中煎10分钟。盛出晾凉后，加入鸡蛋和欧芹末，并加盐和胡椒粉调味，搅拌均匀后，制成肉馅，将肉馅填入西葫芦中，再把西葫芦盖上。

3 把填了馅的西葫芦放入烤盘中，加水没过烤盘底。将西葫芦瓤和番茄沙司混合并搅拌均匀，倒入烤盘中。将烤盘放入预热至180℃的烤箱烤25分钟。

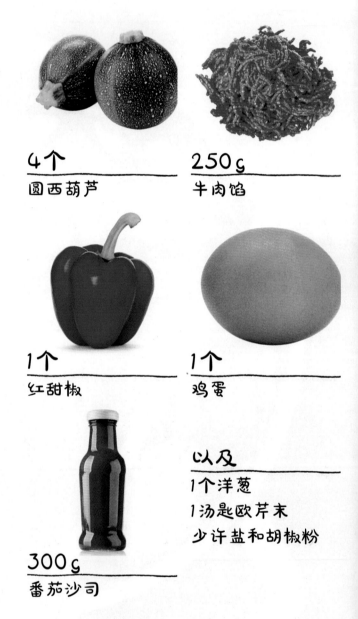

4个
圆西葫芦

250 g
牛肉馅

1个
红甜椒

1个
鸡蛋

300 g
番茄沙司

以及
1个洋葱
1汤匙欧芹末
少许盐和胡椒粉

啤酒面包煨牛肉

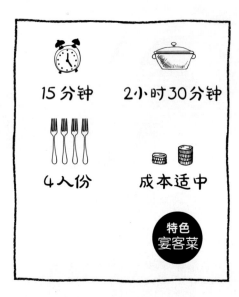

15分钟　　2小时30分钟

4人份　　成本适中

特色宴客菜

1 洋葱切丝。珐琅锅中放入黄油加热至熔化，下洋葱丝翻炒，然后加入切成块的牛肉，翻炒至变色。

2 撒入面粉并翻炒均匀，加盐和胡椒粉调味。倒入啤酒，煮沸。

3 给香料面包片抹上芥末酱，然后把面包片放到牛肉上，盖上锅盖用非常小的火煨2小时30分钟，其间要不停搅拌。

1kg
牛后腿肉

750ml
比利时啤酒

2个
洋葱

3片
香料面包

3咖啡匙
芥末酱

以及

25g黄油

1~2汤匙面粉

少许盐和胡椒粉

洋葱菲力牛排

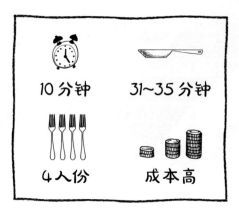

10分钟

31~35分钟

4人份

成本高

4块
菲力牛排

6个
洋葱

20g
黄油

150ml
香醋

1 将黄油和切成薄片的洋葱放入锅中炒25分钟左右，然后盛出备用。锅中倒入香醋熬至剩一半的量备用。

2 在不粘平底锅中煎菲力牛排，每面煎3~5分钟。

3 盘子里摆上炒好的黄油洋葱，然后放上煎好的牛排，加盐和胡椒粉调味，最后浇上熬好的香醋即可。

以及
少许盐和胡椒粉

红葱头牛排

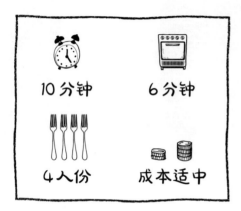

10分钟　　6分钟

4人份　　成本适中

1　炒锅中倒入橄榄油，放入切碎的红葱头炒至金黄。浇上干白葡萄酒煮3分钟。加盐和胡椒粉调味，盛出备用。

2　牛排放入烤箱中每面烤3分钟。将炒好的红葱头均匀地摆在盘子里，然后把烤好的牛排放在红葱头上面，最后撒上香葱末即可。

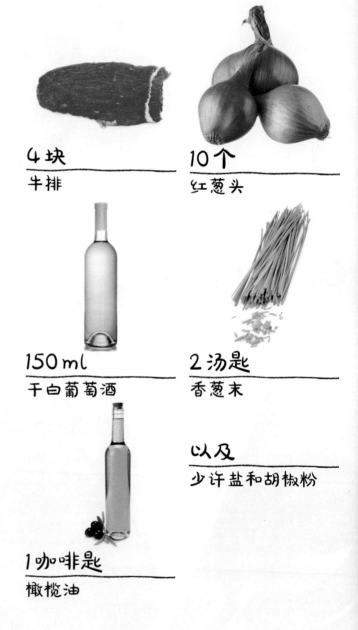

4块
牛排

10个
红葱头

150ml
干白葡萄酒

2汤匙
香葱末

以及
少许盐和胡椒粉

1咖啡匙
橄榄油

蓝纹奶酪小牛肉

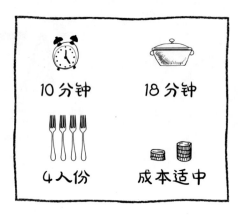

10分钟　　18分钟

4人份　　成本适中

1 用叉子将洛克福尔蓝纹奶酪压碎，然后将奶酪与无糖炼乳混合均匀。

2 小牛肉加盐和胡椒粉调味，然后放入炒锅中，用黄油煎10分钟左右。

3 最后倒入奶酪炼乳，盖上锅盖，用非常小的火煨8分钟。

4 块

小牛肉

100 g

洛克福尔蓝纹奶酪

80 g

无糖炼乳

20 g

黄油

以及

少许盐和胡椒粉

胡萝卜蜂蜜小牛腿肉

⏰ 10分钟   🍲 35分钟

🍴 4人份   成本适中

低 卡路里

1 把切成条的胡萝卜和切成片的嫩洋葱放入汤锅中，锅中倒入半锅水，加盐和胡椒粉调味。

2 盖上锅盖用小火煮25分钟，再加入蜂蜜和姜粉，搅拌均匀。

3 在炒锅中放入黄油，然后放入小牛腿肉煎10分钟，其间要时常翻面。把煎好的牛肉切成片，与煮好的胡萝卜条和嫩洋葱片一起装盘。

700g
小牛腿肉

10根
胡萝卜

10个
嫩洋葱

1汤匙
蜂蜜

1小撮
姜粉

以及
20g 黄油
少许盐和胡椒粉

诺曼底小牛肉

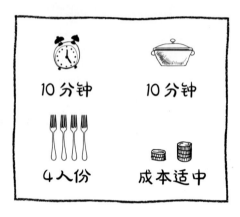

10分钟　　10分钟

4人份　　成本适中

1 炒锅中放入黄油，将小牛肉放入锅中用小火每面煎5分钟，盛到盘中备用。

2 把切成两半的口蘑放入平底锅翻炒几下。倒入苹果酒，用小火熬至剩一半的量。

3 平底锅中倒入稀奶油和煎好的小牛肉，加盐和胡椒粉调味。继续煮几分钟。

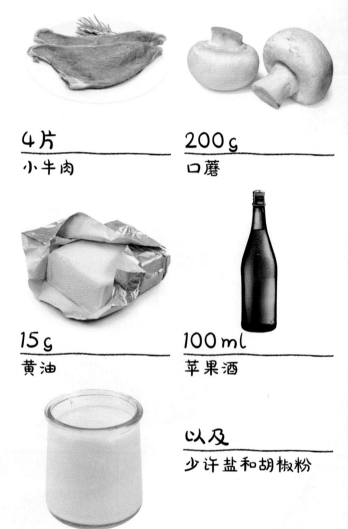

4片
小牛肉

200 g
口蘑

15 g
黄油

100 ml
苹果酒

以及
少许盐和胡椒粉

200 ml
稀奶油

香烤小牛肉

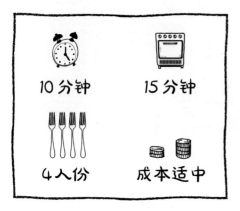

10 分钟　　　15 分钟

4 人份　　　成本适中

4 片
小牛肉

2 汤匙
蛋黄酱

1 把蛋黄酱均匀地抹在小牛肉上。将孜然粉和肉桂粉放入盘中混合均匀，然后抹在小牛肉上。

2 给小牛肉撒上盐和胡椒粉，再把小牛肉放在铺有烘焙纸的烤盘中。将烤盘放入预热至210℃的烤箱烤15分钟。

💡 也可以用现成的混合香料来代替孜然粉和肉桂粉。

2 汤匙
孜然粉

2 汤匙
肉桂粉

以及
少许盐和胡椒粉

柠檬小牛里脊

20分钟　　45分钟

4人份　　成本适中

特色宴客菜

1 炒锅中倒一点儿油，把牛肉切成8片椭圆形厚片，放入锅中翻炒几下。

2 加入切成薄片的口蘑和红葱头，撒上切碎的欧芹。盖上锅盖，小火焖45分钟，如果需要，可加适量水。

3 将柠檬汁和鲜奶油混合均匀。牛肉出锅前几分钟把柠檬奶油倒入锅中。

1块
小牛里脊

300 g
口蘑

100 g
红葱头

200 g
鲜奶油

1个
柠檬

以及
1汤匙橄榄油
1根欧芹

李子干炖兔肉

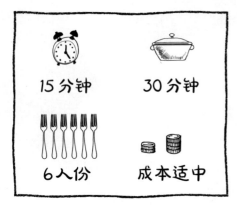

15 分钟

30 分钟

6 人份

成本适中

1 珐琅锅中倒入橄榄油，然后加入用盐和胡椒粉腌过的兔肉、切成薄片的洋葱和切碎的蒜，将它们煎至呈金黄色。

2 锅中加入李子干、红酒、迷迭香和 200 ml 水，盖上锅盖炖 30 分钟。最后揭开锅盖收汁。

也可以加一些切成片的胡萝卜和切成片的口蘑。

4 块
兔肉

300 g
李子干

1 个
洋葱

2 瓣
蒜

400 ml
红酒

以及
1 枝迷迭香
少许盐和胡椒粉
少许橄榄油

白葡萄酒烤兔肉

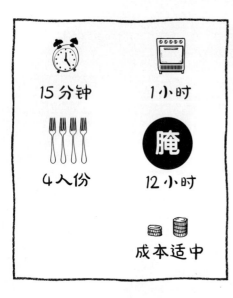

15分钟

1小时

4人份

腌 12小时

成本适中

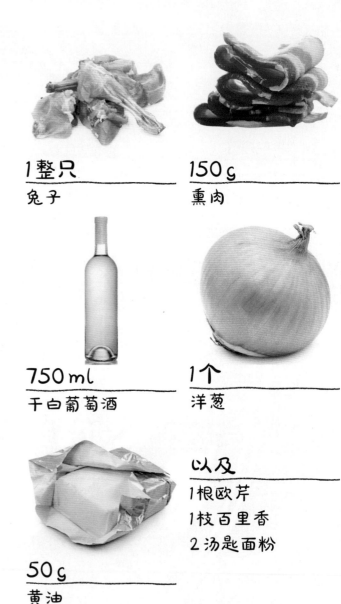

1整只
兔子

150 g
熏肉

750 ml
干白葡萄酒

1个
洋葱

50 g
黄油

以及
1根欧芹
1枝百里香
2汤匙面粉

1 制作这道菜的前一晚，把切成块的兔肉放在白葡萄酒中，同时放入切碎的洋葱、欧芹和去叶的百里香，腌12小时。

2 第二天，倒出腌汁，留着备用。在平底锅中熔化黄油，然后加入面粉，慢慢往锅中倒入腌汁，边倒边搅拌，制成黄油面糊备用。

3 把兔肉和切好的熏肉放在烤盘里，然后倒入黄油面糊。把烤盘放入预热至180℃的烤箱烤1小时。

💡 可以请肉店伙计帮你把兔肉切成块。

杏酱烤猪肩肉

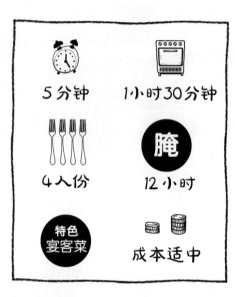

5分钟　　1小时30分钟

4人份　　腌 12小时

特色宴客菜　　成本适中

1 制作这道菜的前一晚，把所有原料一起放入食品保鲜袋中，排出空气封好口，放在冰箱中，腌12小时。

2 第二天，把肉和腌汁一起放在烤盘中，再放入预热至180℃的烤箱烤1小时30分钟，其间要不时把烤盘中的腌汁往肉上面浇。

1.5 kg
猪肩肉

180 g
杏酱

200 ml
椰奶

1咖啡匙
埃斯佩莱特辣椒粉

蜂蜜煎猪肋排

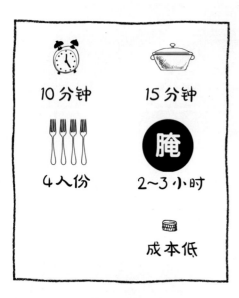

10分钟 15分钟

腌

4人份 2~3小时

成本低

4块
猪肋排

5汤匙
蜂蜜

2汤匙
酱油

1 将2汤匙酱油和3汤匙蜂蜜充分混合，制成腌汁，抹在猪肋排上，腌2~3小时。

2 炒锅中倒入腌汁，将腌好的猪肋排放入锅中煎15分钟。煎到一半时，加入剩余的2汤匙蜂蜜给肉上色。

💡 你可以向肉店伙计要最嫩的猪肋排。也可以用烤架来烤。

蓝纹奶酪烤猪里脊

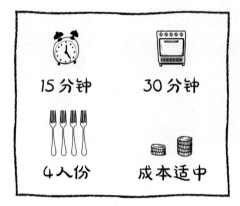

15分钟　　30分钟

4人份　　成本适中

1 把猪里脊放在铺有锡纸的不粘平底锅中。

2 用叉子把蓝纹奶酪压碎，然后与鲜奶油和芥末酱混合在一起，制成奶酪酱汁。把奶酪酱汁刷在猪里脊上，撒上盐和胡椒粉调味，再用锡纸把猪里脊包好。

3 把包好的肉放在烤盘中，然后放入预热至210℃的烤箱烤30分钟左右。

可以在里脊表面撒一些杏仁片。

600 g
猪里脊

150 g
洛克福尔蓝纹奶酪

3 汤匙
鲜奶油

1 咖啡匙
芥末酱

以及

少许盐和胡椒粉

蜂蜜烤肉

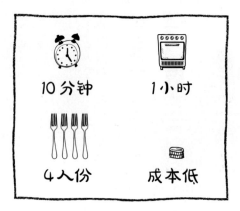

10分钟   1小时

4人份   成本低

1 在猪肉中塞入去皮的蒜，然后在猪肉表面刷一层蜂蜜，再撒上辣椒粉、盐和胡椒粉调味。

2 把酒和80ml水倒入可以放入烤箱的珐琅锅。把猪肉放到锅中，盖上锅盖，放入预热至210℃的烤箱烤1小时，其间，要不时把锅中的汤汁浇在猪肉上。

1kg
猪肉

4汤匙
蜂蜜

3瓣
蒜

80ml
干白葡萄酒

以及
少许盐和胡椒粉

1咖啡匙
辣椒粉

猪里脊配红薯土豆泥

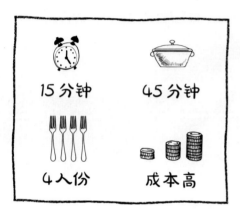

15分钟　　45分钟

4人份　　成本高

1 先把蒜塞入猪肉中，然后给猪肉涂上芥末酱。在小珐琅锅中，放入猪里脊和切成薄片的洋葱，煎至上色。

2 浇上白葡萄酒，如果需要，可以加点儿水。放入香料包继续煮30分钟，加盐和胡椒粉调味。

3 在炖里脊的同时，将土豆和红薯切成块，放在一个较大的汤锅中煮15分钟。将煮熟的土豆和红薯放在料理机中打成泥，加入黄油和牛奶，制成红薯土豆泥。搭配猪肉食用。

1块
猪里脊

1kg
土豆

1个
红薯

2瓣
蒜

2汤匙
芥末酱

以及

1个洋葱
1个香料包
200ml 白葡萄酒
20g 黄油
200ml 热好的牛奶
少许盐和胡椒粉

糖渍柠檬烤肉

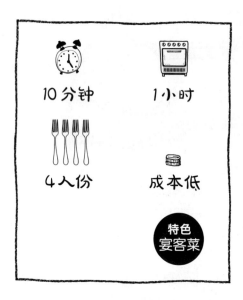

10分钟　　　1小时

4人份　　　成本低

特色宴客菜

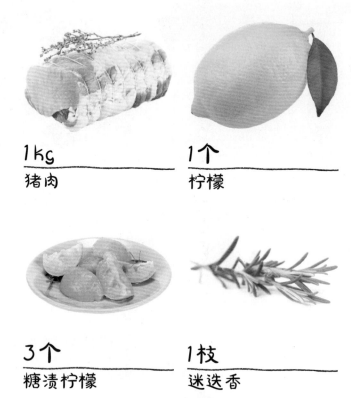

1kg
猪肉

1个
柠檬

3个
糖渍柠檬

1枝
迷迭香

以及
少许盐和胡椒粉

1 把猪肉放进一个可以放入烤箱的珐琅锅中。在猪肉上挤上柠檬汁，加盐和胡椒粉调味，再放一些切成丝的柠檬皮。

2 把每个糖渍柠檬切成两半，和迷迭香一起放在猪肉周围。盖上锅盖，将珐琅锅放入预热至210℃的烤箱烤1小时。

💡 这道菜可以提前一天做好，食用时加热即可。

多香果煨猪肉块

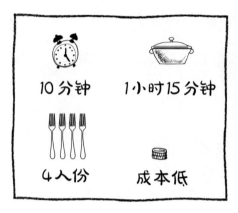

10分钟　1小时15分钟

4人份　成本低

800g
猪腿肉

300g
洋葱

3咖啡匙
多香果粉

2汤匙
橄榄油

以及

少许盐和胡椒粉

1 珐琅锅中倒入橄榄油，放入切好的猪肉块，翻炒10分钟。加入切成薄片的洋葱和多香果粉继续翻炒5分钟。

2 锅中倒入500ml热水，加盐和胡椒粉调味，小火煨1小时。

快手香肠豆焖肉

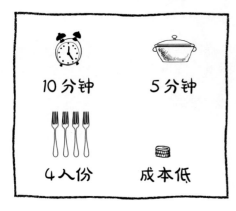

10分钟   5分钟

4人份   成本低

1 炒锅中放入五花肉丁和香肠翻炒
至上色。

2 锅中放入剩下的原料，翻炒均匀
后盖上锅盖焖5分钟。

可以用菜豆罐头代替菜豆。为
了让原料更加丰富，可以加入
几片蒜肠。

400g
菜豆

100g
五花肉丁

4根
图卢兹香肠

400g
番茄酱

1小束
新鲜香料

菠萝配火腿

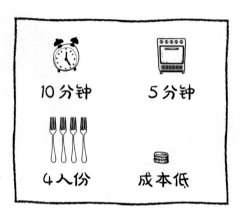

10分钟	5分钟
4人份	成本低

1 平底锅中放入黄油，放入切成片的菠萝，翻炒上色。加入盐、胡椒粉和辣椒粉。倒入朗姆酒并点燃，火烧菠萝。

2 把火腿放在烤箱的烤架上烤5分钟。配着菠萝食用。

💡 火腿片要用2cm厚的。也可以用菠萝罐头代替菠萝。

4片
火腿

1个
菠萝

50 g
黄油

50 ml
朗姆酒

以及
少许盐和胡椒粉

1小撮
辣椒粉

蒜瓣烤羔羊肩肉

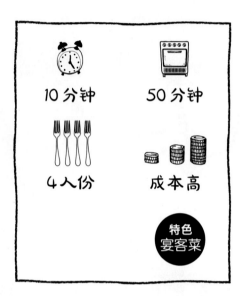

10分钟

50分钟

4人份

成本高

特色宴客菜

1.3 kg

羔羊肩肉

15 瓣

蒜

30 g

黄油

2 片

月桂叶

以及

少许盐和胡椒粉

1 羊肩肉上撒少许盐和胡椒粉后放在烤盘中。然后往烤盘中放入切成小块的黄油、月桂叶和未去皮的蒜。

2 烤盘中倒入200ml水，然后将烤盘放入预热至180℃的烤箱烤40分钟。其间，要不时把烤盘里的汤汁浇在肉上。

3 烤箱关火，取出烤肉。用锡纸把烤肉包起来，放入烤箱再烤10分钟左右。

橙汁炖羔羊肩肉

15 分钟　　2小时30分钟

4人份　　成本高

特色宴客菜

1 炖锅中放入切成丝的洋葱和切碎的蒜，然后放入羊肉。倒入橙汁，加入汤块。

2 盖上锅盖，小火炖2小时30分钟，把羊肉炖烂。最后，揭开锅盖收汁。

3 食用时，撒上腰果。

1块
羔羊肩肉

1 L
橙汁

1个
洋葱

2 瓣
蒜

1块
汤块

100 g
腰果

培根配羊小排

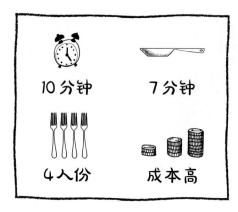

10分钟　　　7分钟

4人份　　　成本高

1 把去皮切碎的蒜、切碎的迷迭香和鼠尾草叶混合在一起。

2 培根放入不粘平底锅中，每面煎1分钟，然后盛出备用。

3 平底锅中放入羊小排和混合好的香料，加入盐和胡椒粉煎5分钟。配着培根食用。

8 块

羔羊小排

8 片

培根

1 瓣

蒜

1 枝

迷迭香

8 片

鼠尾草叶

以及

少许盐和胡椒粉

山羊奶酪羊小排

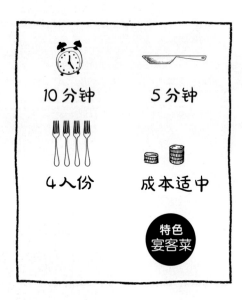

10分钟　5分钟

4人份　成本适中

特色
宴客菜

1 把弄碎的奶酪和切碎的鼠尾草叶混合在一起。羊小排上刷上蜂蜜，放到奶酪混合物中裹一层奶酪。

2 平底锅中倒入橄榄油，放入盐和胡椒粉，再放入羊小排煎5分钟左右。

8根
羔羊小排

60g
山羊奶酪

8片
鼠尾草叶

1汤匙
蜂蜜

1汤匙
橄榄油

以及
少许盐和胡椒粉

奶酪炒羔羊肉

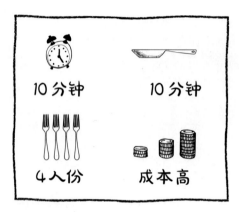

10分钟   10分钟

4人份   成本高

1 将奶酪、香葱末和辣椒粉混合在一起，撒上盐和胡椒粉调味。

2 锅中倒入橄榄油，放入切成块的羔羊肉和切成薄片的洋葱翻炒。

3 加入混合好的奶酪，小火再翻炒几分钟。

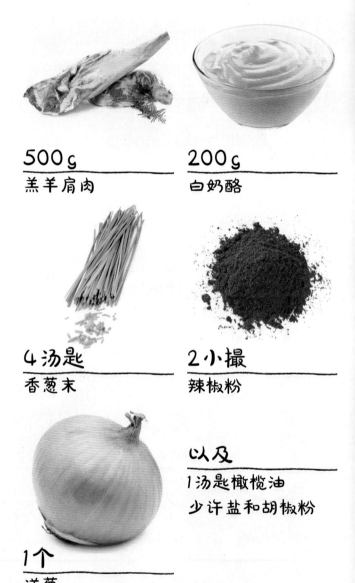

500g
羔羊肩肉

200g
白奶酪

4汤匙
香葱末

2小撮
辣椒粉

以及

1汤匙橄榄油
少许盐和胡椒粉

1个
洋葱

杏干羊肉串

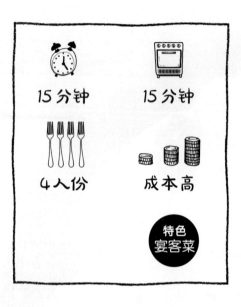

15 分钟　　15 分钟

4 人份　　成本高

特色宴客菜

4 块
羊腿肉

8 颗
杏干

3 汤匙
咖喱粉

2 汤匙
橄榄油

1 在切成小块的羊肉上抹一层橄榄油，再裹上咖喱粉。

2 将杏干用热水泡开，然后把每颗杏干切成两半。

3 把杏干和羊肉块交替穿在铁烤钎上，放入预热至200℃的烤箱烤15分钟，烤到一半时翻面。

茴香根烤三文鱼

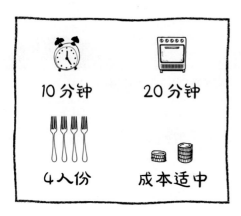

10分钟　　20分钟

4人份　　成本适中

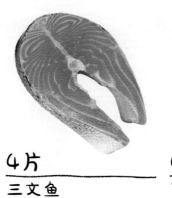

4片
三文鱼

4个
茴香根

1 茴香根切片蒸10分钟。蒸好后放在烘焙纸的四个角上。

2 把三文鱼放在烘焙纸上，撒上盐和胡椒粉，挤上柠檬汁，再放几片柠檬做装饰。

3 用烘焙纸把三文鱼包好，放入预热至210℃的烤箱烤20分钟左右。

以及
少许盐和胡椒粉

1个
青柠檬

可以配着蒸土豆食用。

橙汁三文鱼

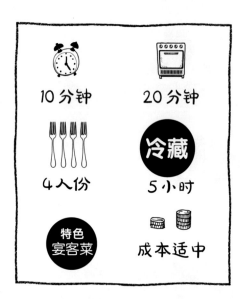

10分钟

20分钟

4人份

冷藏

5小时

特色宴客菜

成本适中

1 姜切碎后与橙汁、酱油和枫糖浆充分混合，制成酱汁，倒在烤盘中。

2 把三文鱼放在烤盘里腌制，再将烤盘放入冰箱冷藏至少5小时。腌制过程中要不时地翻一翻三文鱼。

3 把腌好的三文鱼放入预热至210℃的烤箱烤20分钟左右。撒一些切碎的香葱即可食用。

4块
三文鱼

150 ml
橙汁

10 g
生姜

200 ml
酱油

5汤匙
枫糖浆

适量
香葱

香辛蔬菜烤三文鱼

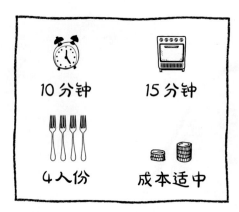

10 分钟　　15 分钟

4 人份　　成本适中

1 在一个碗中放入欧芹末、香葱末、面包屑、柠檬汁和切碎的蒜，制成调料。

2 把三文鱼放在烤盘中，撒上盐和胡椒粉，然后在三文鱼两面刷上步骤1准备好的调料。将烤盘放入预热至210℃的烤箱烤大约15分钟。

4 块
三文鱼

2 汤匙
欧芹末

2 汤匙
香葱末

60 g
面包屑

以及

2 瓣蒜
少许盐和胡椒粉

1 个
柠檬

意式熏肉肠新鲜鳕鱼

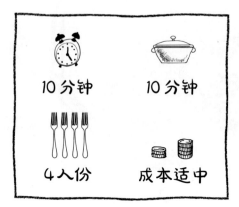

10分钟   10分钟

4人份   成本适中

1 将鱼肉放入锅中蒸10分钟左右。把肉肠放入不粘平底锅中煎一煎。

2 把煎好的肉肠放在案板上，再把鳕鱼放在肉肠上，然后在每片鱼肉上涂1咖啡匙番茄沙司，再撒上辣椒粉和胡椒粉，最后放上1片肉肠。

4片

新鲜鳕鱼

8片

意式熏肉肠

4咖啡匙

番茄沙司

1咖啡匙

辣椒粉

以及

适量胡椒粉

帕尔玛火腿青鳕卷

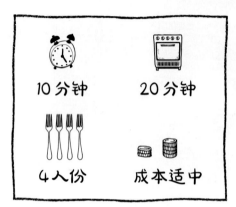

10分钟　　20分钟

4人份　　成本适中

1 鱼肉上撒适量盐和胡椒粉，在每片鱼肉上放1片火腿并卷好。

2 在鱼肉卷上撒上百里香碎，然后放入预热至180℃的烤箱烤20分钟。

可以用长尾鳕代替青鳕。

4片
青鳕鱼

4片
意大利帕尔玛火腿

以及
少许盐和胡椒粉

1汤匙
百里香碎

胡萝卜柠檬烤青鳕

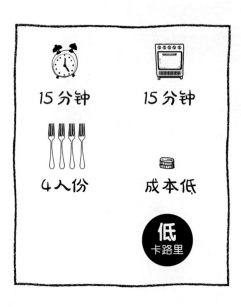

15分钟　　15分钟

4人份　　成本低

低
卡路里

1 把切成片的胡萝卜放入沸水中煮20分钟。

2 把鱼肉放入烤盘中，浇上干白葡萄酒，挤上柠檬汁，撒上切碎的红葱头。把煮好的胡萝卜片一片挨一片地放在鱼肉上。

3 撒上切碎的百里香、盐和胡椒粉，然后放入预热至180℃的烤箱烤15分钟。

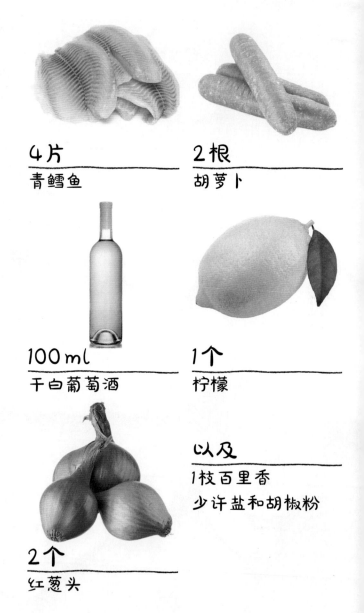

4片
青鳕鱼

2根
胡萝卜

100ml
干白葡萄酒

1个
柠檬

以及
1枝百里香
少许盐和胡椒粉

2个
红葱头

主菜 254

苹果酒咖喱安康鱼

10分钟　　20分钟

4人份　　成本适中

1 炒锅中倒入橄榄油，放入安康鱼，每面煎5分钟。撒上盐和胡椒粉，盛到盘子中备用。

2 把切成薄片的红葱头放在锅中煸炒一下，然后倒入苹果酒和切成块的苹果，小火煮5分钟。

3 放入咖喱粉、奶油和安康鱼，加入盐和胡椒粉调味后用小火煮5分钟。

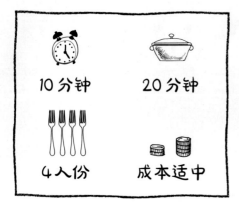

600g
安康鱼肉

1个
红葱头

200ml
苹果酒

1/2个
苹果

1汤匙
咖喱粉

以及
1汤匙橄榄油
100ml 稀奶油
少许盐和胡椒粉

西班牙藏红花安康鱼

10分钟

15~20分钟

4人份

成本适中

特色
宴客菜

850g
安康鱼肉

100ml
干白葡萄酒

1 锅中倒入干白葡萄酒煮至沸腾。加入贻贝、安康鱼肉、藏红花和鱼高汤。加盐和胡椒粉调味，然后继续加热10分钟。

2 捞出鱼肉，往汤中加入切成小块的香肠，煮5~10分钟收汁。吃鱼时配着汤汁一起食用。

为了能够更快地做好这道菜，可以选用速冻去壳贻贝和鱼高汤粉。

20个
贻贝

4片
西班牙辣香肠

以及
2咖啡匙鱼高汤
少许盐和胡椒粉

适量
藏红花

鳄梨安康鱼

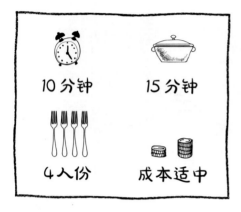

10分钟　　15分钟

4人份　　成本适中

1 把鳄梨肉、柠檬汁和酱油充分混合。

2 炒锅中倒入橄榄油，放入鱼肉，撒上胡椒粉，煎15分钟左右，煎的时候要经常翻动鱼肉。

3 倒入干白葡萄酒和鳄梨混合物，小火熬至汤汁浓稠，其间要不断将锅中的汤汁浇在鱼肉上。

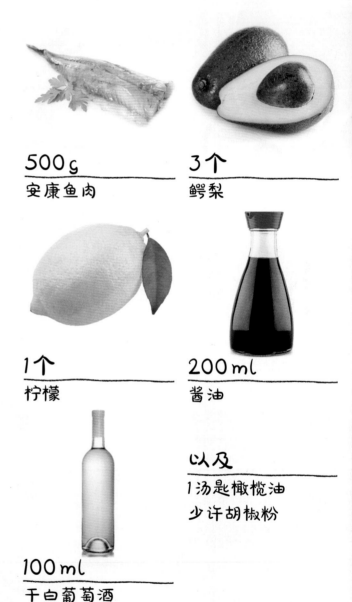

500g
安康鱼肉

3个
鳄梨

1个
柠檬

200ml
酱油

100ml
干白葡萄酒

以及
1汤匙橄榄油
少许胡椒粉

杏仁鳟鱼

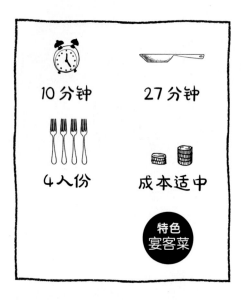

10分钟

27分钟

4人份

成本适中

特色宴客菜

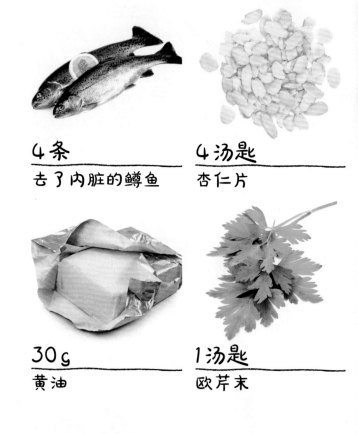

4条
去了内脏的鳟鱼

4汤匙
杏仁片

30g
黄油

1汤匙
欧芹末

以及
少许盐和胡椒粉

1 平底锅中放入黄油加热至熔化，把鳟鱼放入锅中，每面煎5分钟，撒上盐和胡椒粉调味，再撒上欧芹末，然后盖上锅盖。

2 小火焖15分钟，盛出装盘备用。平底锅中放入杏仁片煎2分钟。将杏仁片撒在鳟鱼上。

💡 可以让鱼商帮你处理鱼。

粗盐烤鲷鱼

15 分钟　　30 分钟

4 人份　　成本适中

1 将粗盐、番茄膏和蛋白充分混合在一起，加入普罗旺斯香草，然后倒一半到烤盘中。

2 把鲷鱼也放进烤盘，在鱼身上摆上柠檬片，再把剩下的粗盐混合物倒在鱼上。将烤盘放入预热至210℃的烤箱烤30分钟左右。

💡 吃鱼时，把裹在鱼表面的粗盐混合物去掉。

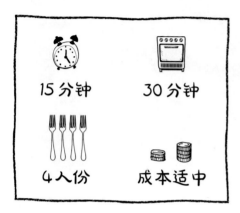

3条
鲷鱼

800g
粗盐

2汤匙
番茄膏

2个
蛋白

1咖啡匙
普罗旺斯香草

3片
柠檬

培根羊鱼

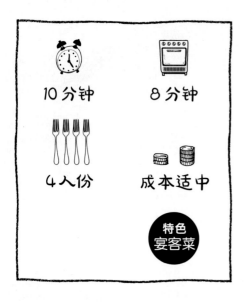

10 分钟　　8 分钟

4 人份　　成本适中

特色宴客菜

1 用培根把羊鱼肉卷起来，摆放在铺有锡纸的烤盘中。

2 撒上干酪丝、盐、胡椒粉和去叶切碎的百里香，然后放入预热至210℃的烤箱烤8分钟。

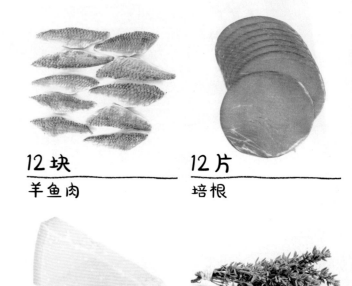

12 块
羊鱼肉

12 片
培根

2 汤匙
帕尔玛干酪丝

1 枝
百里香

以及
少许盐和胡椒粉

罗勒烤羊鱼

10 分钟　　15 分钟

4 人份　　成本适中

特色宴客菜

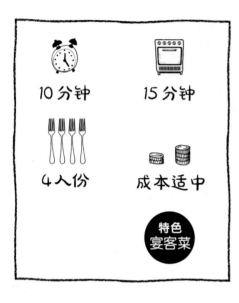

8 条
去了内脏的羊鱼

8 汤匙
橄榄酱

适量
罗勒叶

2 汤匙
橄榄油

以及
适量盐和胡椒粉

1 在每条羊鱼的肚子里放 1 汤匙橄榄酱，再将羊鱼放在烤盘中。

2 在羊鱼上铺一层罗勒叶，淋上橄榄油，撒上盐和胡椒粉，然后放入预热至 150℃ 的烤箱烤 15 分钟左右。

💡 你可以让鱼商帮你把鱼的内脏去掉。

主菜 268

罗勒馅沙丁鱼

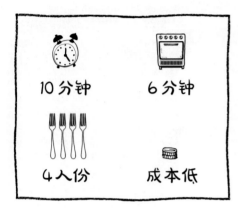

10分钟　6分钟

4人份　成本低

1 在平底锅中把松仁炒一下。把松仁、罗勒叶末、欧芹末、柠檬汁和橄榄油混合在一起备用。

2 把混合好的松仁馅塞进沙丁鱼的肚子里，再用竹签将鱼的肚子固定好，然后放在烤架上烤6分钟。

可以让鱼商帮你把沙丁鱼的内脏去掉。如果在松仁馅里加上2汤匙乳清干酪的话，这道菜会更加美味。

8 条
去了内脏的沙丁鱼

4 汤匙
罗勒叶末

4 汤匙
欧芹末

2 汤匙
松仁

2 汤匙
柠檬汁

1 汤匙
橄榄油

主菜 270

椰奶咖喱青虾

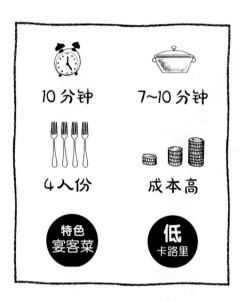

10分钟

7~10分钟

4人份

成本高

特色
宴客菜

低
卡路里

1 在平底锅中倒入橄榄油，然后把去了壳的虾放进去。加入椰奶、咖喱粉、姜黄粉、盐和胡椒粉调味。

2 用中火煮7~10分钟，直至椰奶变成金黄色。最后撒上切碎的香菜。

咖喱粉和姜黄粉的用量根据你的口味而定。

30只
青虾

400ml
椰奶

2汤匙
橄榄油

1~2咖啡匙
咖喱粉

1~2咖啡匙
姜黄粉

以及
1根香菜
少许盐和胡椒粉

扇贝烩明虾

10分钟

5分钟

4人份

成本高

**特色
宴客菜**

20块
扇贝肉

25只
明虾虾仁

1瓣
蒜

2根
香葱

1 平底锅中倒入橄榄油并放入黄油，加热至黄油熔化，然后加入切碎的蒜，再加入扇贝肉和明虾虾仁。撒上盐和胡椒粉调味，然后用大火翻炒5分钟。

2 出锅前撒上切碎的香葱。

可以配着米饭和西蓝花食用。

20g
黄油

以及
1汤匙橄榄油
少许盐和胡椒粉

威士忌煎明虾

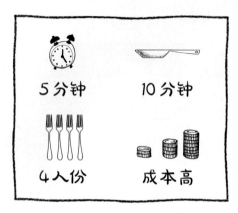

5分钟　　10分钟

4人份　　成本高

800g
明虾

2 瓣
蒜

2 汤匙
普罗旺斯香草

2 汤匙
橄榄油

3 咖啡匙
威士忌

以及
少许盐和胡椒粉

1 把蒜和普罗旺斯香草切碎放入碗中，然后加入橄榄油、威士忌、盐、胡椒粉和1汤匙水并搅拌均匀，制成料汁。

2 平底锅中放入明虾，把混合好的料汁倒入锅中，中火煎10分钟，煎的过程中要经常给虾翻面。

💡 可以用白兰地代替威士忌来做这道菜。

奶油威士忌扇贝

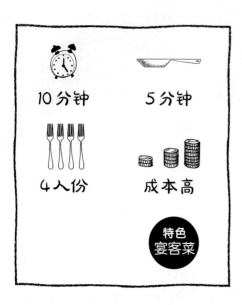

10分钟

5分钟

4人份

成本高

特色
宴客菜

1 平底锅中放入黄油，再放入扇贝肉，每面煎2分钟。浇上威士忌，加热使酒精挥发。

2 放入奶油、欧芹末、盐和胡椒粉。搅拌一下然后小火加热1分钟即可。

12 块
扇贝肉

2 汤匙
威士忌

10 g
黄油

100 ml
稀奶油

以及
适量盐和胡椒粉

1 汤匙
欧芹末

葡萄酒煮扇贝明虾

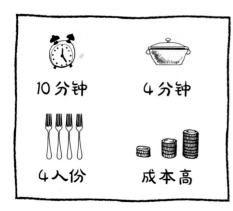

10分钟　　4分钟

4人份　　成本高

1 把奶油和蛋黄放在碗里搅拌均匀备用。

2 锅中放入黄油，加入切成两半的口蘑和切成薄片的红葱头，然后把扇贝肉放进去，每面煎2分钟，然后放入明虾虾仁。

3 挤上半个柠檬的柠檬汁，浇上鱼高汤和干白葡萄酒，搅拌均匀。加入盐和胡椒粉调味，然后煮至沸腾。再把拌好的蛋黄奶油倒进去，边倒边搅拌，直至汤汁变浓稠。

12 块
扇贝肉

12 只
明虾虾仁

60g
口蘑

2个
红葱头

50g
鲜奶油

以及

1/2 个柠檬

2个蛋黄

20g 黄油

100ml 鱼高汤

100ml 干白葡萄酒

少许盐和胡椒粉

番茄煨鱿鱼圈

10分钟　　17分钟

4人份　　成本适中

1 炒锅中倒入橄榄油，放入切成薄片的洋葱和切碎的蒜。加入鱿鱼圈翻炒2分钟。

2 倒入干白葡萄酒、番茄酱和藏红花，然后加盐和胡椒粉调味。用小火煨15分钟左右。

500 g
鱿鱼圈

500 g
番茄酱

100 ml
干白葡萄酒

2个
洋葱

1瓣
蒜

以及
2汤匙橄榄油
少许藏红花
少许盐和胡椒粉

番茄辣鱿鱼圈

15分钟

10分钟

4人份

腌 20分钟

低 卡路里

成本适中

1 把鱿鱼圈、切成小块的番茄、辣椒粉、柠檬汁和切碎的蒜放入沙拉盆中，撒上盐和胡椒粉，搅拌均匀。给沙拉盆包上保鲜膜，放进冰箱腌20分钟。

2 炒锅中放入橄榄油加热，然后倒入腌好的食材，煮10分钟左右。出锅前撒上切碎的罗勒叶。

500g
鱿鱼圈

3个
番茄

1汤匙
辣椒粉

1个
柠檬

适量
罗勒叶

以及
1瓣蒜
1汤匙橄榄油
少许盐和胡椒粉

咖喱贻贝

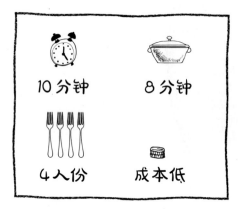

10分钟 8分钟

4人份 成本低

1 将奶油和咖喱粉混合并搅拌均匀备用。珐琅锅中放入黄油，然后把切成薄片的红葱头和切碎的蒜放进去。

2 把贻贝和干白葡萄酒放入锅中并搅拌均匀。盖上锅盖煮8分钟，然后浇上调好的咖喱奶油。

3 搅拌均匀后再煮几分钟直到所有贻贝都开口。

2 kg
贻贝

200 ml
稀奶油

1 汤匙
咖喱粉

100 ml
干白葡萄酒

3 个
红葱头

以及
2 瓣蒜
20 g 黄油

鳕鱼玉米糕

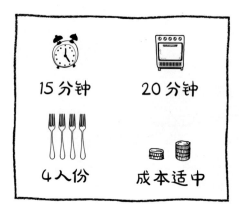

15 分钟　　20 分钟

4 人份　　成本适中

1 把蔬菜汤煮至沸腾，然后加入玉
米糁煮5分钟，边煮边搅拌。加
盐和胡椒粉调味，制成蔬菜玉米粥。

2 把番茄干切成条，把去核黑橄榄
切成薄片，与帕尔玛干酪丝混合
均匀。

3 在烤盘上铺一层煮好的玉米粥，
再放入青鳕鱼和番茄奶酪，然后
倒入剩余的玉米粥并将表面弄平整。
把烤盘放入预热至180℃的烤箱烤20
分钟。

4 块
青鳕鱼

120g
玉米糁

15 块
番茄干

15 颗
去核黑橄榄

以及

500ml 蔬菜汤
少许盐和胡椒粉

1 汤匙
帕尔玛干酪丝

北欧三文鱼焗土豆

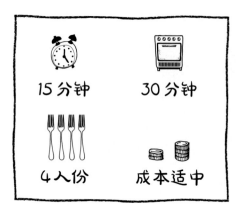

15 分钟　　30 分钟

4 人份　　成本适中

1 将奶油、茴香末、盐和胡椒粉倒入碗中搅拌均匀。

2 将切成片的土豆和切成条的熏三文鱼交替平行摆在烤盘中，再铺上一层土豆片，然后均匀地撒上切成榛子大小的黄油块，最后倒上奶油混合物。

3 给烤盘盖上一层锡纸，放入预热至180℃的烤箱烤30分钟即可。

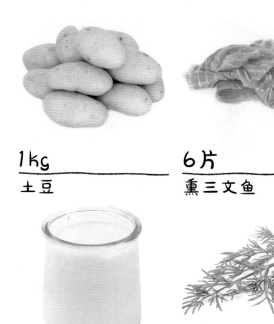

1kg
土豆

6 片
熏三文鱼

200 ml
稀奶油

1 汤匙
茴香末

以及
少许盐和胡椒粉

20 g
黄油

扇贝丁焗意大利饺

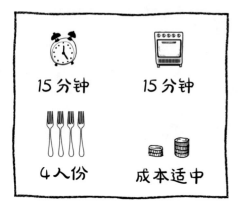

15分钟   15分钟

4人份   成本适中

1 意大利饺煮熟，捞出备用。

2 平底锅中倒入橄榄油，加入切成小段的葱，翻炒10分钟左右，加盐和胡椒粉调味。加入扇贝丁，轻轻翻炒3分钟。

3 把意大利饺和奶油倒入焗盘中搅拌均匀，然后把炒好的扇贝丁放在焗盘里，再撒一层奶酪丝，最后将焗盘放入预热至180℃的烤箱烤15分钟。

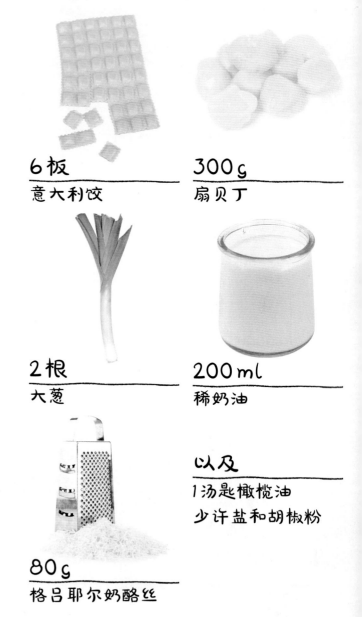

6板
意大利饺

300g
扇贝丁

2根
大葱

200ml
稀奶油

以及
1汤匙橄榄油
少许盐和胡椒粉

80g
格吕耶尔奶酪丝

奶酪焗牛皮菜

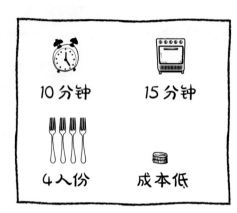

10分钟　15分钟

4人份　成本低

1 平底锅中加入水和少许盐煮至沸腾，然后把切好的牛皮菜放在沸水中煮8分钟，盛出备用。

2 把布鲁斯奶酪、鸡蛋、稀奶油和肉豆蔻粉混合在一起并用打蛋器搅拌均匀，撒上盐和胡椒粉调味，然后将做好的奶油奶酪混合物淋在牛皮菜上。

3 将做好的奶酪牛皮菜倒在焗盘中，撒一层刨成丝的干酪，放入预热至180℃的烤箱烤15分钟。

也可以用里科塔奶酪来替代布鲁斯奶酪。

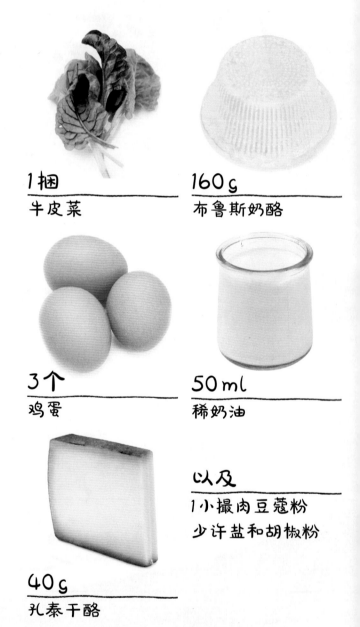

1捆
牛皮菜

160g
布鲁斯奶酪

3个
鸡蛋

50ml
稀奶油

40g
孔泰干酪

以及
1小撮肉豆蔻粉
少许盐和胡椒粉

奶香烤土豆

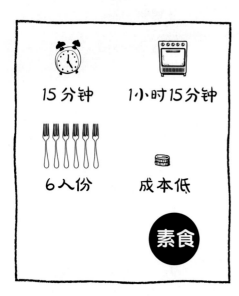

15分钟　　1小时15分钟

6人份　　成本低

素食

1 把切碎的蒜均匀地撒在焗盘底部，然后在焗盘中放切成小片的土豆。撒上盐和胡椒粉。

2 将奶油和牛奶混合均匀，倒在焗盘中，然后撒上肉豆蔻粉。将焗盘放入预热至180℃的烤箱烤1小时15分钟。

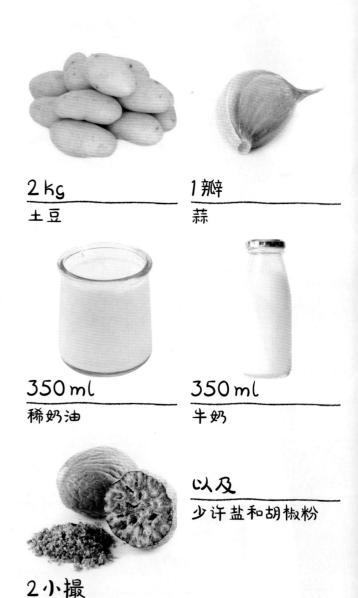

2 kg
土豆

1 瓣
蒜

350 ml
稀奶油

350 ml
牛奶

以及
少许盐和胡椒粉

2 小撮
肉豆蔻粉

圣女果奶酪蛋糕

15 分钟　　30 分钟

4 人份　　成本低

素食　　**低** 卡路里

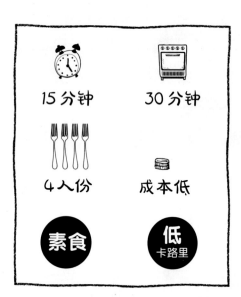

500 g
圣女果

200 g
鲜山羊奶酪

2 咖啡匙
罗勒叶末

3 个
鸡蛋

1 烤盘中放入圣女果，然后均匀地撒上切碎的奶酪和罗勒叶末。

2 把鸡蛋和玉米淀粉放在一起搅拌均匀，撒上盐和胡椒粉调味，制成蛋糊，将蛋糊倒在烤盘中，将烤盘放入预热至200℃的烤箱烤30分钟。

也可以再加一些帕尔玛干酪碎或者其他奶酪碎，但是成品的味道就没有那么清淡了。

1 汤匙
玉米淀粉

以及
少许盐和胡椒粉

培根焗菜花

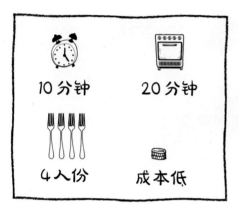

10分钟　　20分钟

4人份　　成本低

1 把切好的菜花放在锅中蒸熟，然后将其均匀地摆放在焗盘中，再在菜花表面盖上一层培根。

2 把土豆淀粉和牛奶混合均匀并倒入平底锅中，边加热边搅拌让其变浓稠，加盐和胡椒粉调味，制成料汁，倒在焗盘里。

3 在焗盘中撒上切碎的山羊奶酪和格吕耶尔奶酪丝，然后将焗盘放入预热至180℃的烤箱烤20分钟。

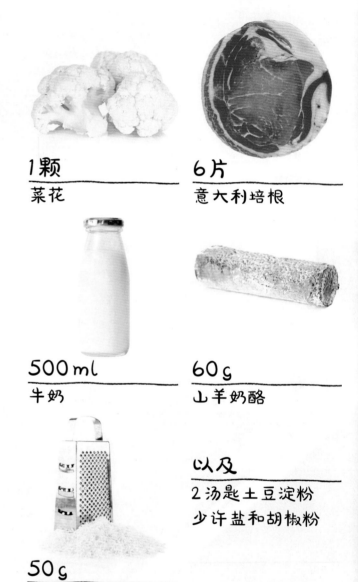

1颗
菜花

6片
意大利培根

500ml
牛奶

60g
山羊奶酪

50g
格吕耶尔奶酪丝

以及
2汤匙土豆淀粉
少许盐和胡椒粉

主菜 300

小南瓜焗土豆

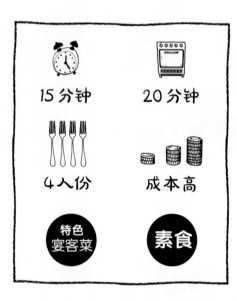

15分钟　　20分钟

4人份　　成本高

特色宴客菜　　素食

1 小南瓜和土豆切块后分别蒸熟，然后压成泥备用。

2 把鸡蛋、牛奶、肉豆蔻粉、盐和胡椒粉混合在一起并搅拌均匀。把南瓜泥、土豆泥以及鸡蛋牛奶混合物倒入焗盘中，均匀地撒上格吕耶尔奶酪丝和切成小块的黄油，然后将焗盘放入预热至180℃的烤箱烤20分钟。

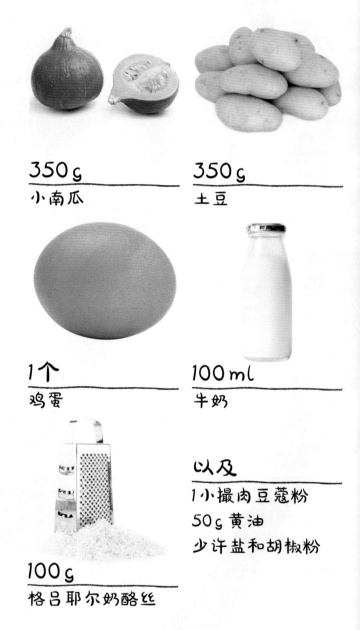

350g
小南瓜

350g
土豆

1个
鸡蛋

100ml
牛奶

100g
格吕耶尔奶酪丝

以及
1小撮肉豆蔻粉
50g 黄油
少许盐和胡椒粉

素酿番茄

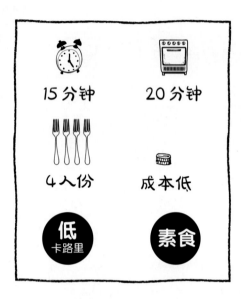

15分钟　　20分钟

4人份　　成本低

低 卡路里　　**素食**

1 将番茄顶部切下来，挖出番茄果肉备用，保留番茄壳。

2 锅烧热，倒入橄榄油，然后倒入番茄果肉、杏仁片、燕麦片和切碎的罗勒叶，翻炒2分钟，加盐和胡椒粉调味后盛出。将炒好的番茄肉填进番茄壳中。

3 把番茄放在烤盘里，将切下来的部分盖上去，然后将烤盘放入预热至180℃的烤箱烤20分钟。

4个
番茄

40g
杏仁片

80g
燕麦片

适量
罗勒叶

以及
少许盐和胡椒粉

1汤匙
橄榄油

豆干苹果炒卷心菜

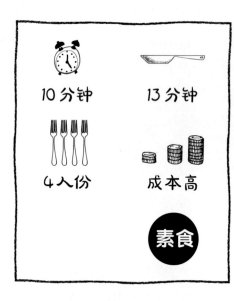

10分钟　　13分钟

4人份　　成本高

素食

1 锅烧热，倒入橄榄油，放入切成
块的豆干，煎5分钟。

2 加入切成薄片的洋葱和切成小块
的蔓越莓干，继续煎至洋葱变
软。加入切碎的小卷心菜和切成丁的
苹果煎几下。

3 倒入100ml水，继续煎8分钟。
加盐和胡椒粉调味，出锅前撒上
杏仁片和香葱末。

400g
小卷心菜

4块
豆干

1个
洋葱

3汤匙
蔓越莓干

1个
苹果

以及
2汤匙橄榄油
4汤匙杏仁片
1汤匙香葱末
少许盐和胡椒粉

大葱烩蟹棒

15分钟　15分钟

4人份　成本低

12根
蟹棒

6根
大葱

1 胡萝卜切片，煮熟备用。

2 锅热后倒入橄榄油，然后倒入切碎的大葱翻炒15分钟左右，直至大葱变软。

3 锅中倒入熟胡萝卜和切成片的蟹棒，淋上奶油，撒上盐和胡椒粉调味，再加热几分钟即可。

4根
胡萝卜

150 ml
稀奶油

以及
1汤匙橄榄油
少许盐和胡椒粉

咖喱素什锦

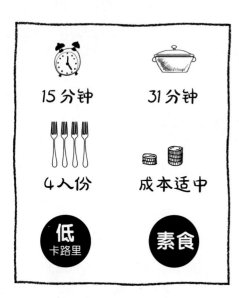

15 分钟　　31 分钟

4 人份　　成本适中

低 卡路里　　**素食**

1 汤锅中加水和盐，待水沸腾后将四季豆放进去，煮8分钟后把掰成小朵的西蓝花放入锅中煮8分钟，煮好后盛出备用。

2 炒锅中倒入橄榄油，然后把切成薄片的洋葱放进去翻炒至变软。加入切成丝的姜和绿咖喱酱，边加边搅拌。

3 炒锅中倒入蔬菜汤和椰奶煮15分钟。然后把煮好的四季豆和西蓝花放进去，挤点儿柠檬汁。撒上盐和胡椒粉调味，继续翻炒几下，出锅前撒上椰丝和香菜末。

400g
四季豆

1颗
西蓝花

1个
洋葱

1汤匙
绿咖喱酱

以及

2咖啡匙橄榄油

1块1cm 长的姜

1个青柠檬

2汤匙椰丝

1汤匙香菜末

500ml 蔬菜汤

少许盐和胡椒粉

400ml
椰奶

法式茄汁甜椒蛋

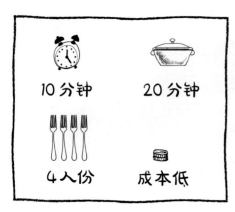

10分钟　　20分钟

4人份　　成本低

1 炒锅中倒入橄榄油，然后把切成条的洋葱和甜椒放进去翻炒10分钟左右。加入番茄酱翻炒均匀。

2 加入切成条的火腿，然后打入鸡蛋。盖上锅盖煮10分钟左右，直至鸡蛋凝固。

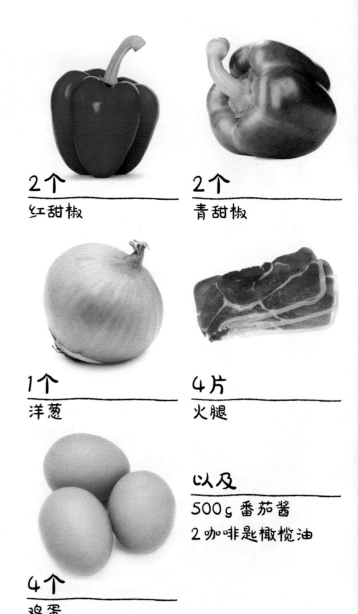

2个
红甜椒

2个
青甜椒

1个
洋葱

4片
火腿

以及
500g 番茄酱
2咖啡匙橄榄油

4个
鸡蛋

西班牙土豆洋葱蛋饼

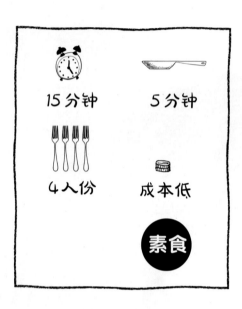

15分钟

5分钟

4人份

成本低

素食

1 鸡蛋打散，加盐和胡椒粉调味。

2 炒锅中倒入200ml橄榄油，加入切成薄片的土豆和切碎的蒜，翻炒10分钟。然后加入切碎的洋葱翻炒5分钟，炒好后盛出。

3 把土豆洋葱中的油沥干，然后把土豆洋葱放入蛋液中。平底锅中倒入剩余的橄榄油，把蛋液和土豆洋葱的混合物倒入锅中煎5分钟左右，蛋饼边缘变金黄后翻面。

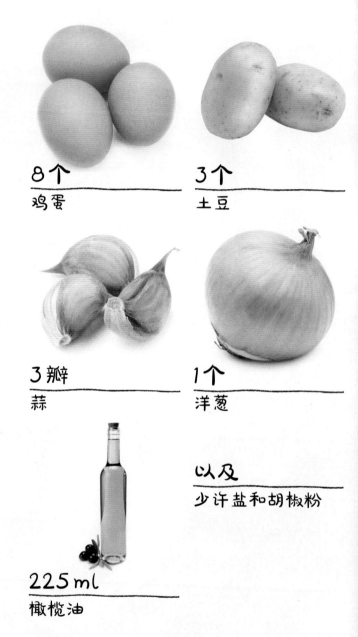

8个
鸡蛋

3个
土豆

3瓣
蒜

1个
洋葱

225ml
橄榄油

以及
少许盐和胡椒粉

薄荷奶酪煎蛋

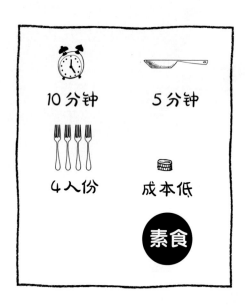

10分钟　　5分钟

4人份　　成本低

素食

8个
鸡蛋

8片
薄荷叶

120 g
鲜山羊奶酪

1汤匙
橄榄油

以及
少许盐和胡椒粉

1 鸡蛋打散，蛋液中加入切碎的薄荷叶、盐和胡椒粉调味。

2 锅烧热，倒入橄榄油，然后倒入蛋液煎5分钟左右。

3 撒上切成块的奶酪，将蛋饼用三折法折起来，晾几分钟即可食用。

蒜香番茄鸡蛋

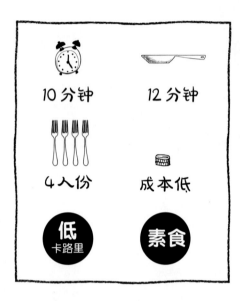

10分钟 12分钟

4人份 成本低

低 卡路里 素食

1 锅烧热，倒入橄榄油，倒入切成丁的番茄和切碎的蒜，小火翻炒。撒上盐、胡椒粉和去了叶的牛至。

2 在锅中炒好的番茄中挖4个小坑，把鸡蛋打进去，加热几分钟，直至鸡蛋凝固。

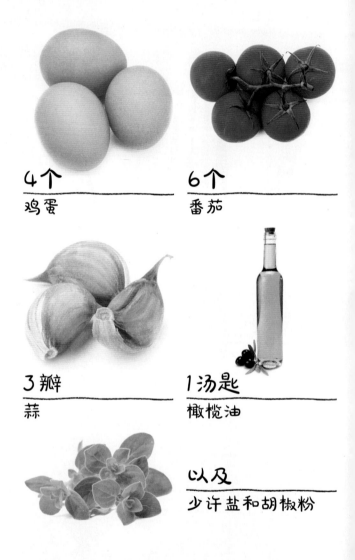

4个
鸡蛋

6个
番茄

3瓣
蒜

1汤匙
橄榄油

以及
少许盐和胡椒粉

3根
新鲜牛至

芦笋黄油炒蛋

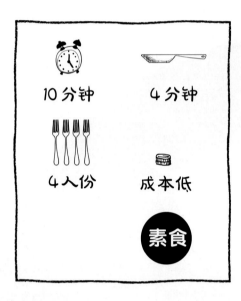

10 分钟　　4 分钟

4 人份　　成本低

素食

1 把鸡蛋、牛奶和干酪丝放在一起搅拌均匀。

2 平底锅中放入黄油加热至熔化，然后放入芦笋快炒1分钟。

3 倒入蛋液混合物，翻炒3分钟左右，最后撒上盐和胡椒粉调味。

8 个
鸡蛋

10 根
嫩芦笋

100 ml
牛奶

1 汤匙
帕尔玛干酪丝

以及
少许盐和胡椒粉

15 g
黄油

奶酪烤蛋

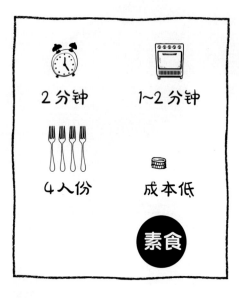

2 分钟

1~2 分钟

4人份

成本低

素食

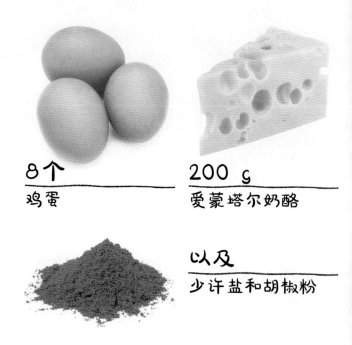

8个
鸡蛋

200 g
爱蒙塔尔奶酪

以及
少许盐和胡椒粉

8小撮
辣椒粉

1 把鸡蛋分别打在4个蛋糕模中，撒上盐、胡椒粉、切碎的奶酪和辣椒粉。

2 然后把蛋糕模放入微波炉（700~750 W）。加热1分钟可做成三分熟的蛋，加热1分30秒可做成半熟蛋，加热2分钟可做成全熟蛋。

💡 辣椒粉的用量可以根据自己的口味做出调整。

妈妈的拿手菜

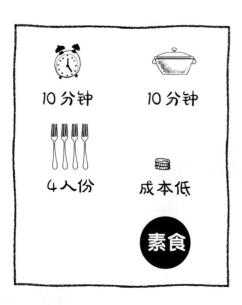

10分钟　　10分钟

4人份　　成本低

素食

1 锅中倒水，加少许盐，煮至沸腾，然后加入糙米煮熟，捞出备用。

2 炒锅中加入黄油，加热至熔化，放入切成薄片的洋葱，翻炒10分钟左右，盛出备用。奶油加热并撒上盐和胡椒粉。

3 鸡蛋煮熟备用。将煮好的糙米放到盘子里，再在上面放上切成两半的鸡蛋和炒好的洋葱，最后淋上奶油即可。

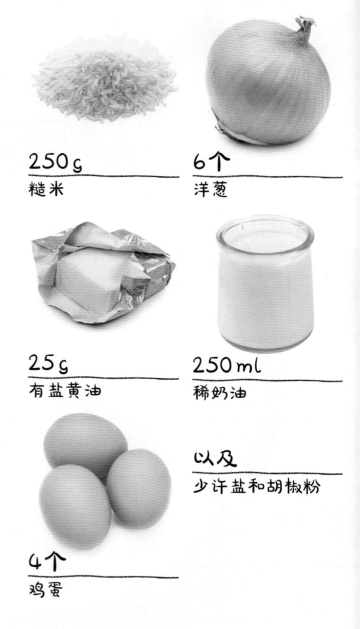

250 g
糙米

6个
洋葱

25 g
有盐黄油

250 ml
稀奶油

以及
少许盐和胡椒粉

4个
鸡蛋

火腿土豆饼

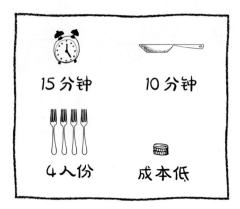

15分钟   10分钟

4人份   成本低

1 把1大勺土豆泥放在一个圆形模具里。

2 在圆形模具里撒一点儿切碎的火腿和香葱末，再把剩余的土豆泥放进去。把土豆饼压平，然后把模具拿掉。给土豆饼裹一层打碎的面包干。

3 把土豆饼放到不粘平底锅中，撒上盐和胡椒粉，用小火每面煎5分钟直至呈金黄色。

💡 在这道菜中，我们用打碎的面包干代替了面包屑，这样做出的土豆饼味道更好。

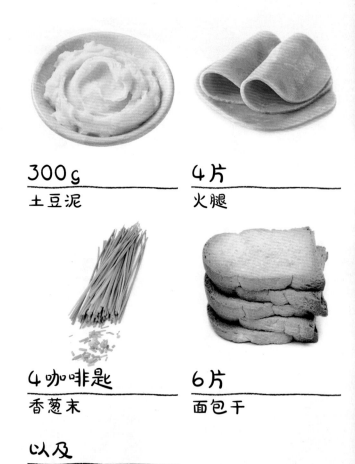

300g
土豆泥

4片
火腿

4咖啡匙
香葱末

6片
面包干

以及
少许盐和胡椒粉

西葫芦薄饼

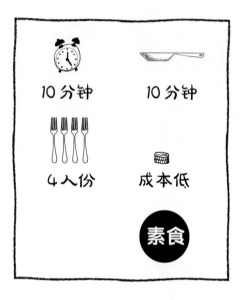

10分钟　　　10分钟

4人份　　　成本低

素食

1 把面粉、鸡蛋、牛奶和奶酪充分混合在一起。然后往面糊中加入切成丝的西葫芦、香葱末、盐和胡椒粉。

2 在不粘平底锅中放入适量面糊，整成小薄饼的样子，用小火每面煎5分钟。

4根
西葫芦

2汤匙
面粉

1个
鸡蛋

100 ml
脱脂牛奶

3块
乐芝牛奶酪

以及
1汤匙香葱末
少许盐和胡椒粉

焗冬季水果

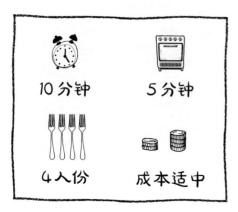

10分钟　5分钟

4人份　成本适中

1 苹果、梨、猕猴桃和香蕉切小块，橘子掰成瓣。把蛋黄和白砂糖混合在一起并搅拌均匀，然后在平底锅中倒入蛋黄液和稀奶油，小火加热5分钟，边加热边搅拌，然后盛出备用。

2 把水果放在抹了黄油的焗盘中，倒入蛋黄奶油。撒上香草糖，将焗盘放入烤箱烤5分钟即可。

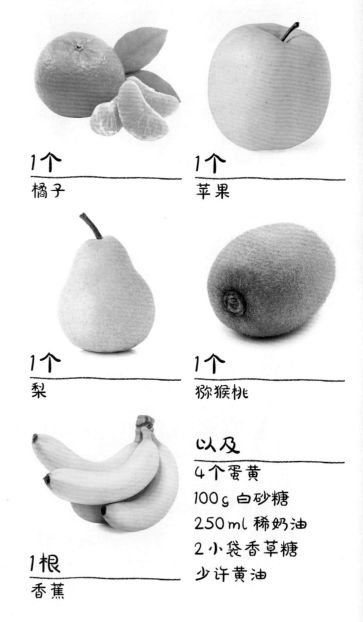

1个
橘子

1个
苹果

1个
梨

1个
猕猴桃

1根
香蕉

以及

4个蛋黄

100g 白砂糖

250ml 稀奶油

2小袋香草糖

少许黄油

热带水果小甜锅

10分钟　　3分钟

4人份　　成本适中

特色
宴客菜

1 菠萝切片，芒果和木瓜切小块。在平底锅中放入黄油，然后放入水果翻炒3分钟。

2 锅中撒上糖，把炒好的水果盛在4个小锅中，最后撒上碾碎的曲奇和切成丝的青柠檬皮。

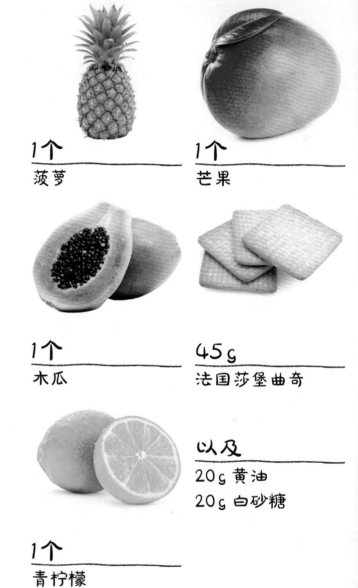

1个
菠萝

1个
芒果

1个
木瓜

45g
法国莎堡曲奇

以及
20g 黄油
20g 白砂糖

1个
青柠檬

诺曼底苹果挞

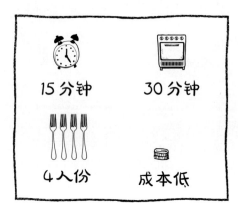

15分钟　30分钟

4人份　成本低

1 把挞皮放在铺有烘焙纸的挞盘中。

2 在挞皮上铺上苹果泥，再铺上苹果切片。撒上2小袋香草糖，然后将挞盘放入预热至200℃的烤箱烤20分钟。

3 从烤箱取出烤好的苹果挞。将蛋黄、打发的奶油、1袋香草糖和苹果白兰地混合在一起并搅拌均匀，然后将混合物倒在苹果挞上。将挞盘放入烤箱再烤10分钟。

💡 可以不放苹果白兰地。

1张
挞皮

300 g
苹果泥

5个
苹果

3小袋
香草糖

3汤匙
鲜奶油

以及
1个蛋黄
1咖啡匙苹果白兰地

苹果蛋糕

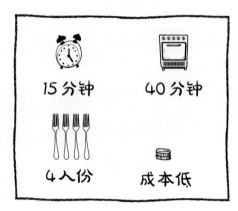

15分钟　　40分钟

4人份　　成本低

1 鸡蛋和糖一起打发，再加入面粉、牛奶、橄榄油、切成丁的苹果、香草糖和酵母粉，搅拌均匀。

2 将混合物倒在蛋糕模中，放入预热至180℃的烤箱烤40分钟。

5个
苹果

2个
鸡蛋

140 g
白砂糖

300 g
面粉

200 ml
牛奶

以及
4汤匙橄榄油
1小袋香草糖
1小袋酵母粉

黄油小饼干蛋糕

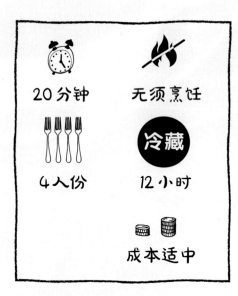

20分钟   无须烹饪

4人份   **冷藏** 12小时

成本适中

1 把黄油小饼干放在咖啡中浸湿。将蛋黄和蛋白分离。软化的黄油加糖打发，然后加入蛋黄搅拌均匀。将蛋白打发至硬性发泡，然后放入黄油混合物中搅拌均匀。

2 把浸湿的黄油小饼干和黄油混合物分层铺在蛋糕模中。撒上可可粉，然后放到冰箱中冷藏12小时。①

36块
黄油小饼干

3个
鸡蛋

120g
黄油

70g
白砂糖

60ml
黑咖啡

1咖啡匙
可可粉

①此甜点含生鸡蛋，肠胃敏感者请谨慎尝试。

——编者注

焦糖布丁

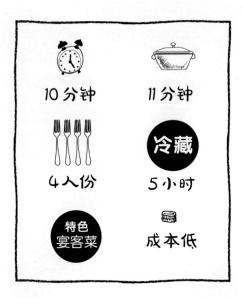

10分钟

11分钟

4人份

冷藏 5小时

特色 宴客菜

成本低

1个
鸡蛋

4个
蛋黄

60 g
焦糖液

500 ml
牛奶

1根
香草荚

40 g
白砂糖

1 在模具内部抹一层焦糖。将牛奶和切成两半的香草荚放到锅里加热至沸腾，然后盛出备用。把糖、鸡蛋和蛋黄放在一起打发，然后倒入热牛奶，边倒边搅拌。最后将混合物倒入模具中。

2 把模具放在装了1L水的高压锅中。给模具盖上盖子，然后盖上高压锅的锅盖，气阀响了之后再炖11分钟。

3 取出布丁。晾凉后放进冰箱冷藏5小时后就可以脱模享用了。

浆果蛋糕

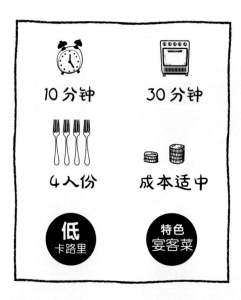

10 分钟　　30 分钟

4 人份　　成本适中

低 卡路里　　**特色** 宴客菜

1 把蛋黄、龙舌兰糖浆和牛奶混合在一起并搅拌均匀，然后一边搅拌一边倒入面粉。

2 把浆果分成4份，放到4个蛋糕模中，把搅拌好的面糊倒入模具中，然后将模具放入预热至180℃的烤箱烤30分钟左右。

250 g
浆果

2 个
蛋黄

70 g
龙舌兰糖浆

250 ml
牛奶

60 g
面粉

覆盆子提拉米苏

15分钟　无须烹饪

4人份　成本适中

特色宴客菜

1 将蛋黄和蛋白分离，把蛋白打发至硬性发泡。然后把奶酪、糖和蛋黄混合在一起并搅拌均匀，慢慢地加入打发的蛋白。

2 把一半覆盆子用料理机打成泥，然后放入4个模具中。加入一块切成两半的手指饼干，然后倒上做好的奶酪混合物，再放几个覆盆子在上面，最后撒上可可粉。①

200g 覆盆子

130g 马斯卡彭奶酪

2个 鸡蛋

40g 白砂糖

4块 手指饼干

1咖啡匙 无糖可可粉

---

① 此甜点含生鸡蛋，肠胃敏感者请谨慎尝试。

——编者注

苹果玫瑰

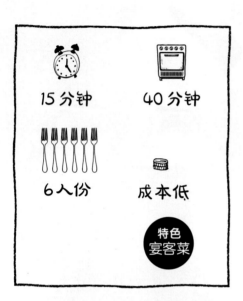

15分钟　　40分钟

6人份　　成本低

特色
宴客菜

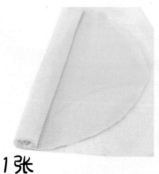

1张
挞皮

2个
红苹果

1汤匙
柠檬汁

6咖啡匙
苹果泥

以及

少许黄油

1 将苹果切成片（无须削皮）放入瓷碗中，加入柠檬汁和4汤匙水，然后将瓷碗放进微波炉加热2分钟，或直至苹果变软。把苹果上的汁液沥干。

2 将挞皮切成长25 cm、宽5 cm的条。用小刷子在挞皮上刷一层苹果泥。在每条挞皮上放7~8片苹果，苹果片要露一半在饼皮外面。

3 把切成条的挞皮从一端卷起，卷成玫瑰花的样子。然后将卷好的饼放进抹了黄油的麦芬模中。将模具放入预热至180℃的烤箱烤40分钟左右。

💡 如果选用长方形挞皮的话，卷起来会更方便。

覆盆子西米露

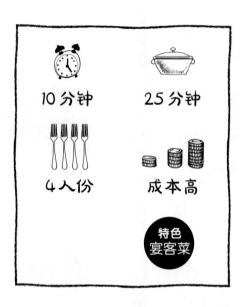

10分钟　　25分钟

4人份　　成本高

特色
宴客菜

1 牛奶煮至沸腾后加入西米和糖煮25分钟，关火，然后加入玫瑰糖浆搅拌均匀。

2 把煮好的西米露倒入4个模具中。冷却后放一些覆盆子在西米露表面。撒一些糖粉即可食用。

80 g
西米

1汤匙
玫瑰糖浆

250 g
覆盆子

500 ml
牛奶

2 汤匙
白砂糖

1咖啡匙
糖粉

意式咖啡奶冻

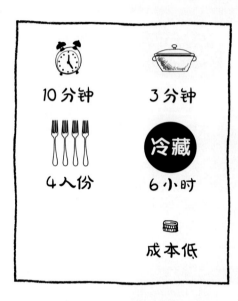

10分钟   3分钟

4人份   **冷藏** 6小时

成本低

1 把吉利丁片放到一个盛有冷水的碗里泡软。锅中倒入牛奶和奶油，煮至沸腾，然后加入咖啡。

2 吉利丁片沥干水后放入煮好的奶油牛奶中。

3 把奶油牛奶倒入4个小杯子中，冷却后，把杯子放入冰箱冷藏至少6小时。

💡 食用时可以加一些咖啡豆。

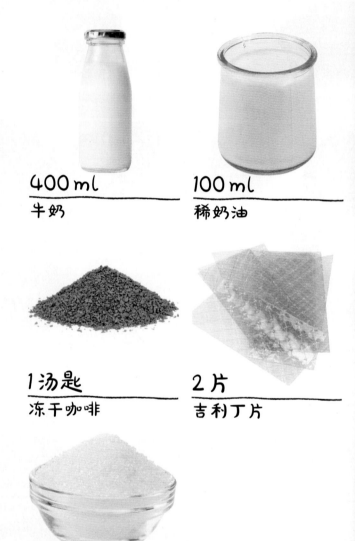

400 ml
牛奶

100 ml
稀奶油

1 汤匙
冻干咖啡

2 片
吉利丁片

1 汤匙
白砂糖

焦糖奶油布丁

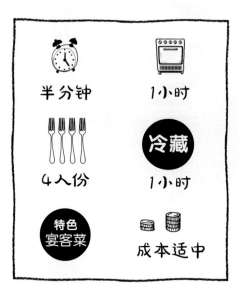

半分钟

1小时

4人份

冷藏 1小时

特色 宴客菜

成本适中

1 锅中倒入奶油和牛奶，搅拌均匀并加热，然后盛出备用。

2 把蛋黄、糖和糖浆混合在一起并打发。慢慢倒入热好的奶油牛奶，边倒边搅拌。将混合物倒入4个模具中，然后将模具放入预热至180℃的烤箱烤1小时左右。

3 烤好后，将模具从烤箱中拿出来。冷却后放入冰箱冷藏1小时。食用前撒上粗红糖，用喷枪将表面烧至呈焦糖色。

3个 蛋黄

2汤匙 紫罗兰糖浆

150g 稀奶油

250ml 牛奶

30g 白砂糖

4咖啡匙 粗红糖

草莓慕斯

10分钟

15秒

4人份

冷藏
1小时

特色
宴客菜

成本低

1 把吉利丁片放在一个装有冷水的碗里泡软。牛奶加热。然后把吉利丁片放在热牛奶中使其溶化。

2 把白奶酪和香草糖放在一起打发，再倒入牛奶和打发至硬性发泡的蛋白。把混合物倒入4个小玻璃杯中，然后给玻璃杯包上保鲜膜放入冰箱冷藏1小时。

3 食用前，将草莓搅打成泥，浇在慕斯上。

可以在玻璃杯中放一些切成两半的草莓做装饰。

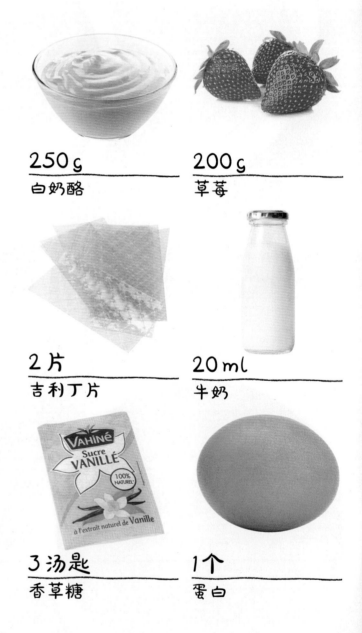

250 g
白奶酪

200 g
草莓

2 片
吉利丁片

20 ml
牛奶

3 汤匙
香草糖

1 个
蛋白

零失败的国王饼

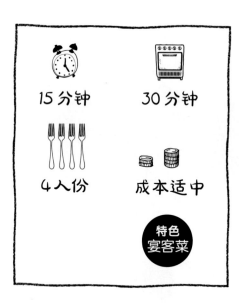

15分钟

30分钟

4人份

成本适中

特色
宴客菜

1 把熔化的黄油、糖、杏仁粉和打发的鸡蛋混合在一起并搅拌均匀，做成杏仁酱备用。

2 模具中铺1张酥皮，倒入杏仁酱，边缘留出1cm并抹上水，然后在杏仁酱上面盖1张酥皮，将其边缘与下面酥皮的边缘捏在一起。

3 在酥皮上刷一层蛋黄液，然后用刀尖在饼的表面划出国王饼的形状。将模具放入预热至180℃的烤箱烤30分钟。

2 张
千层酥皮

125 g
黄油

125 g
白砂糖

125 g
杏仁粉

2 个
鸡蛋

1 个
蛋黄

巧克力梨味曲奇

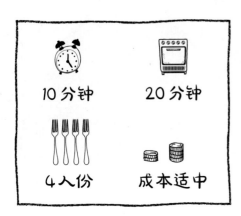

10分钟　　20分钟

4人份　　成本适中

1 将黄油放入锅中加热至熔化。将熔化的黄油、糖和蛋白放在一起打发。在打发好的黄油中加入面粉、巧克力和切成小块的梨，制成曲奇面团。

2 把面团做成直径5cm的圆形曲奇坯，然后将曲奇坯放入铺有烘焙纸的烤盘中。将烤盘放入预热至180℃的烤箱烤20分钟。

2 汤匙
黑巧克力

1/2 个
梨

70 g
黄油

60 g
黄糖

1 个
蛋白

125 g
面粉

烤芒果西米

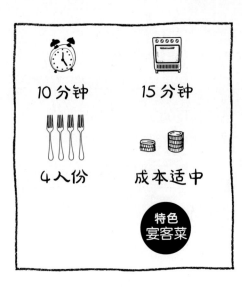

10分钟

15分钟

4人份

成本适中

特色
宴客菜

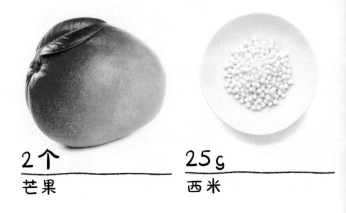

2个
芒果

25g
西米

2汤匙
芒果糖浆

以及
300 ml 牛奶
2个鸡蛋

1 在平底锅中倒入牛奶和芒果糖浆，煮沸后加入西米，煮10分钟，其间要不时搅拌。

2 倒入打散的蛋液，然后加入切成小块的芒果，将混合物倒入4个模具中，将模具放入预热至180℃的烤箱烤15分钟。

烤苹果酥

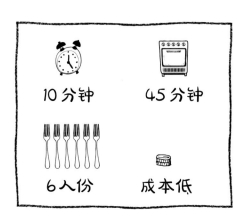

10 分钟　　45 分钟

6人份　　成本低

1 把香草糖、玉米淀粉和熔化的黄油充分混合在一起，然后将混合物搅拌至呈颗粒状。

2 苹果去皮并切成小块，然后放到烤盘中。在苹果上面浇一层黄油混合物，然后将烤盘放入预热至180℃的烤箱烤45分钟。

6个
苹果

2 汤匙
黄油

4 汤匙
香草糖

6 汤匙
玉米淀粉

甜点 361

朗姆酒焦糖香蕉

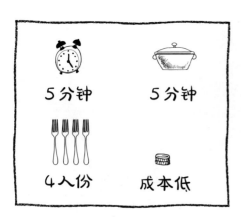

5分钟　5分钟

4人份　成本低

4根
香蕉

50 ml
琥珀色朗姆酒

1 炒锅中放入黄油加热至熔化，然后放入纵向切成两半的香蕉，煎5分钟，其间要注意翻面。

2 撒上香草糖，继续煎，使香蕉上色。最后浇上朗姆酒，点燃酒，火烧香蕉。

15 g
黄油

VAHINÉ
Sucre
VANILLÉ
100% NATUREL
à l'extrait naturel de Vanille

2小袋
香草糖

甜点 362

烤无花果

5分钟　　15分钟

4人份　　成本高

特色
宴客菜

16个
无花果

4汤匙
麝香葡萄酒

1 把切开的无花果放在烘焙纸上。在无花果上浇上麝香葡萄酒，撒上粗红糖和肉桂粉。

2 用烘焙纸把无花果包好，然后放入烤盘中，将烤盘放入预热至180℃的烤箱烤15分钟。

3汤匙
粗红糖

1咖啡匙
肉桂粉

神奇魔法蛋糕

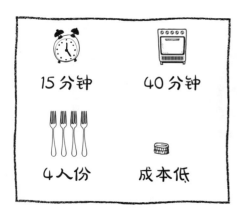

15分钟　　40分钟

4人份　　成本低

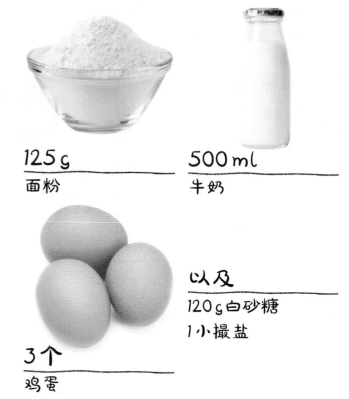

125g
面粉

500ml
牛奶

3个
鸡蛋

以及

120g白砂糖

1小撮盐

1 面粉中加入一半牛奶和少许盐，搅拌均匀。将蛋白蛋黄分离，把蛋黄、糖以及剩下的牛奶倒入面粉混合物中。在蛋白中加点儿盐，打发至硬性发泡。将打发的蛋白加入面粉混合物中，搅拌均匀，然后将混合物倒入蛋糕模中。

2 将蛋糕模放入预热至160℃的烤箱烤10分钟，然后把温度调至150℃，再烤30分钟。

烤椰丝蛋奶

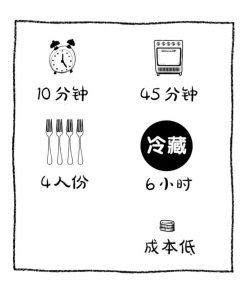

10 分钟　　45 分钟

4 人份　　冷藏 6 小时

成本低

4 个
鸡蛋

60 g
椰丝

400 g
加糖炼乳

250 ml
牛奶

以及

少许黄油

1 鸡蛋打散后倒入炼乳中，然后加入牛奶和椰丝搅拌均匀。

2 将混合物倒入抹了黄油的蛋糕模中，然后将模具放入预热至180℃的烤箱烤45分钟。将蛋奶从烤箱中取出晾凉，放入冰箱冷藏6小时再脱模。

甜点 365

科西嘉奶酪蛋糕

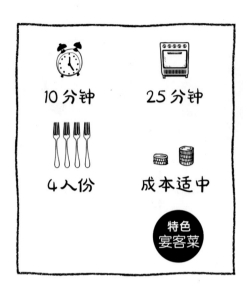

10 分钟　　25 分钟

4 人份　　成本适中

特色宴客菜

500 g
布鲁斯奶酪

6 个
鸡蛋

4 小袋
香草糖

以及
少许黄油

1 个
柠檬

1 将弄碎的奶酪和鸡蛋混合在一起搅拌均匀。在奶酪混合物中加入香草糖和切成丝的柠檬皮。

2 把奶酪混合物倒进抹了黄油的烤盘中，将烤盘放入预热至180℃的烤箱烤25分钟。将蛋糕从烤箱中取出晾凉，放入冰箱冷藏后食用。

甜点 366

布列塔尼李子蛋糕

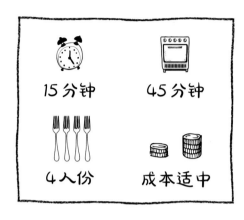

15 分钟　　45 分钟

4 人份　　成本适中

250 g
李子干

250 g
白砂糖

250 g
面粉

以及

4 个鸡蛋

1 L 牛奶

1 小撮盐

1 把糖、鸡蛋、大部分面粉和盐混合在一起并搅拌均匀，然后倒入热好的牛奶搅拌均匀。

2 给李子干裹上面粉，放在撒了面粉的蛋糕模中。把之前准备好的牛奶面粉混合物倒入蛋糕模中。

3 将模具放入预热至200℃的烤箱烤35分钟，然后把温度调至180℃再烤10分钟。

巧克力棉花糖烤苹果

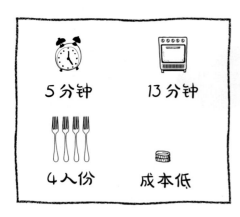

5分钟　　13分钟

4人份　　成本低

4个
苹果

1咖啡匙
香草粉

1 苹果去核放入烤盘，撒上香草粉，将烤盘放入预热至180℃的烤箱烤10分钟左右。

2 在每个苹果上放1块小熊巧克力棉花糖，再烤3分钟，让巧克力棉花糖变软。

4块
小熊巧克力棉花糖

甜点 368

巧克力慕斯

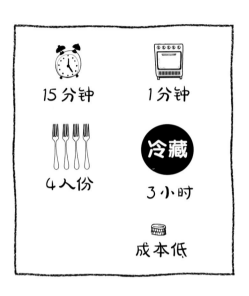

15分钟   1分钟

4人份   **冷藏** 3小时

成本低

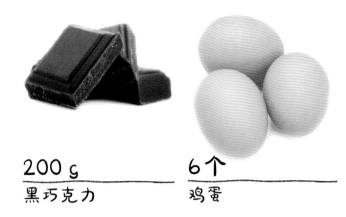

200 g
黑巧克力

6个
鸡蛋

1 把巧克力切成小块放入容器中，加入1汤匙水，然后将容器放入微波炉中加热1分钟。

2 将蛋黄和蛋白分离，然后把蛋白打发至硬性发泡。

3 将蛋黄和熔化的巧克力混合在一起，然后加入打发的蛋白，搅拌均匀后放入冰箱冷藏3小时。

💡 如果想吃口味更清淡的慕斯，可以用可可脂含量为70%的黑巧克力、2个蛋黄和5个蛋白来制作。

法式牛奶饭

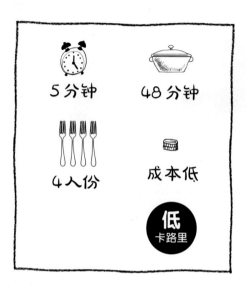

5分钟

48分钟

4人份

成本低

低
卡路里

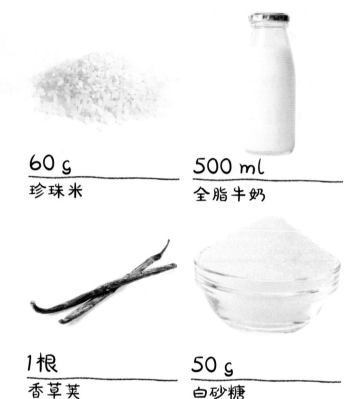

60 g
珍珠米

500 ml
全脂牛奶

1根
香草荚

50 g
白砂糖

1 把珍珠米倒入煮沸的热水中煮3分钟，然后捞出把水沥干。

2 把牛奶、切成两半的香草荚和糖一起放在锅中煮沸。把米倒进去，小火熬45分钟，边熬边搅拌，把珍珠米熬至黏稠。

甜点 370

柠檬果冻

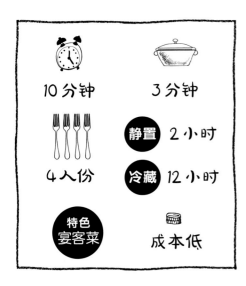

10分钟

3分钟

4人份

静置 2小时

冷藏 12小时

特色
宴客菜

成本低

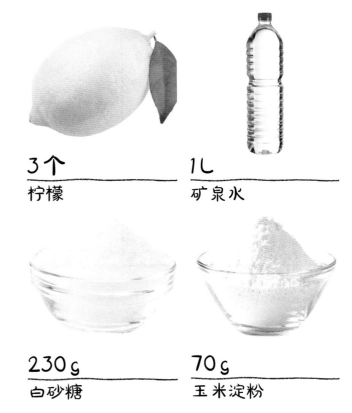

3个
柠檬

1L
矿泉水

230g
白砂糖

70g
玉米淀粉

1 将矿泉水、切成丝的柠檬皮和糖倒入沙拉盆中，静置2小时制成柠檬水。

2 沙拉盆中加入玉米淀粉搅拌均匀，再将混合物倒入锅中煮至沸腾，沸腾后再煮3分钟，将混合物煮至浓稠，其间要不时搅拌。

3 将煮好的混合物倒入4个小玻璃杯中，冷却后放入冰箱冷藏12小时。

甜点 371

巧克力栗子蛋糕

15分钟　　5分钟

4人份　　冷藏 12小时

成本适中　　特色宴客菜

450 g
栗子奶油

450 g
栗子酱

1 把切成小块的巧克力和黄油分别放入锅中加热至熔化。然后依次放入奶油、栗子酱、黄油和黑巧克力并搅拌均匀。

2 将混合物倒入铺有烘焙纸的蛋糕模中，将模具放入冰箱冷藏12小时。

100 g
黄油

125 g
黑巧克力

天使面饼

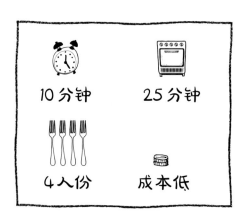

10 分钟 25 分钟

4 人份 成本低

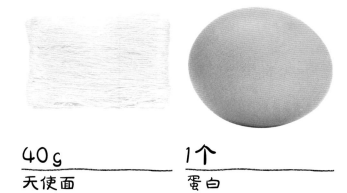

40 g
天使面

1 个
蛋白

1 将蛋白和香草糖混合均匀。把天使面放入沸水中煮 2 分钟，捞出沥干水分，将面倒入香草糖和蛋白的混合物中，边倒边搅拌，制成天使面团。

2 用汤匙把天使面团舀出来，整成直径为 5 cm 的圆形小饼，再将小饼放到铺有烘焙纸的烤盘中。将烤盘放入预热至 180℃的烤箱烤 25 分钟。

1 小袋
香草糖

甜点 373

杏仁费南雪

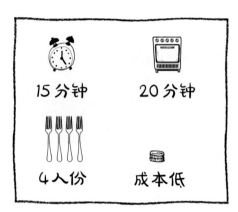

15 分钟　　20 分钟

4人份　　成本低

4个
蛋白

60 g
面粉

1 把蛋白、面粉、糖和杏仁粉放在一起打发，然后加入熔化的黄油。

2 把混合物放在抹了黄油的费南雪模具中，将模具放入预热至200℃的烤箱烤20分钟。

80 g
杏仁粉

以及
150 g 白砂糖
100 g 黄油

香蕉巧克力小春卷

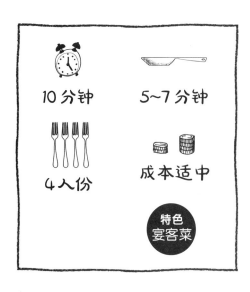

10 分钟

5~7 分钟

4 人份

成本适中

特色宴客菜

4 张
春卷皮

2 根
香蕉

以及
2 汤匙椰丝
15 g 黄油

20 g
黑巧克力

1 喷湿春卷皮，在上面放上切成片的香蕉、巧克力和椰丝。将馅料包起来，做成小春卷。

2 将黄油放入锅中加热至熔化，把小春卷放进去煎5~7分钟，煎的过程中要经常翻面。

甜点 375

First published in France under the title:

200 recettes rapides et inratables

Copyright © 2016 by Editions Larousse

Simplified Chinese translation rights arranged with Editions Larousse through Dakai Agency Limited

Simplified Chinese translation copyright © 2021 by Beijing Science and Technology Publishing Co., Ltd.

著作权合同登记号 图字：01-2017-0830

图书在版编目（CIP）数据

今天，在家做法餐 /（法）埃莉斯·德尔普拉 – 阿尔瓦雷斯著；李心悦，臧书蕾译 . —北京：
北京科学技术出版社，2021.1

ISBN 978-7-5714-1252-4

Ⅰ. ①今…　Ⅱ. ①埃…②李…③臧…　Ⅲ. ①菜谱 – 法国　Ⅳ. ① TS972.185.65

中国版本图书馆 CIP 数据核字（2020）第 248175 号

策划编辑：李心悦	电　话：0086-10-66135495（总编室）	
责任编辑：樊川燕	0086-10-66113227（发行部）	
封面设计：刘利权	网　址：www.bkydw.cn	
图文制作：史维肖	印　刷：北京捷迅佳彩印刷有限公司	
责任印制：李　茗	开　本：787mm×1092mm　1/16	
出 版 人：曾庆宇	字　数：66千字	
出版发行：北京科学技术出版社	印　张：23.5	
社　　址：北京西直门南大街16号	版　次：2021年1月第1版	
邮政编码：100035	印　次：2021年1月第1次印刷	
ISBN 978-7-5714-1252-4		

定　　价：99.00元